食物酵素的奇蹟

The Power of Nutrition with Enzymes

【全新修訂版】

酵素與營養的生命力量

自然醫學博士 亨伯特・聖提諾

Humbart Santillo, N.D. ◎著

鹿憶之◎譯

推薦序

身為世界食物酵素的先驅權威之一，由亨伯特．聖提諾（Humbart "Smoky" Santillo）博士來撰寫關於食物酵素這個重要的主題，是最為適合的。由於在自然醫學治療第一線工作，與超過三萬名病患的實際經驗，聖提諾博士見證了食物酵素的各種益處，也看見缺乏食物酵素所造成的各種病症。

人人都知道維生素和礦物質，還有人知道植化素（植物化學物質），但是比較少聽說酵素。聖提諾博士特別把食物酵素的功能指出來，發現這些天然物質的能量與生命關鍵作用，對於現代社會非常重要。

在本書《食物酵素的奇蹟：酵素的生命力量》（The Power of Nutrition with Enzymes）【全新修訂版】中，他詳細解釋在達成理想健康與長壽方面，酵素的功能以及對疾病所具有的效果，對於非專業人士來說，可說是最為正確且完整的指南，而對於專業人士，也是絕佳的具體說明手冊。聖提諾博士統整許多科學文獻，綜合成重點資料，告訴你如何保護及攝取有益身體的天然酵素，如何正確選擇食物以獲取酵素，並且在飲食裡注意補充食物酵素，以獲得最大的益處。

如果你想要讓身體這副機械達成最佳狀態，想要長壽、有活力、不生病，敬請採納聖提諾博士的建議。在英文版的原書封底，有一張他在跑道上進行賽跑的照片，你可以看見他是一位多麼活躍的世界級運動選手！他不但研究，並且身體力行，因此你可以完全信任他。我希望各位讀者不僅閱讀本書，也要起而行動！

公共衛生博士　羅依・維塔巴登

Roy E. Vartabedian, Dr. P.H, M. P. H.
健康之計公司總裁（Designs for Wellness）
紐約時報暢銷書作家
著作：《營養重點：健康吃，真簡單》
（*Nutripoints: Healthy Eating Made Simple!*）
www.Nutripoints.com

前言：酵素的生命力量

身為自然醫學醫師、作家及研究人員，多年的經驗，使我漸漸認識到，世界上沒有什麼單一秘方、食物或健康產品是「萬靈丹」，雖然我的認知如此，但我在從事治療時，仍持續尋找可以適用於任何人的保健品，作為營養的基礎，或是醫療的輔助。現在我要告訴大家，我的想法終於得到實現，食物酵素就是尋覓已久的答案。

《21世紀生存指南》作者庫文斯博士（Dr. Viktoras Kulvinskas）曾經送給我愛德華．賀威爾醫師所寫的《健康、長壽的食物酵素》一書（Food Enzymes for Health and Longevity），這本書告訴我為何有些治療有效，而有些卻醫藥罔效，關鍵就在於「酵素」。人體內所有的化學功能和反應，都需要酵素。我們的器官、組織及細胞，以及消化系統、內分泌系統、免疫系統等，酵素都擔任著代謝的重要角色。而礦物質、維生素和荷爾蒙，也都需要酵素才能正常運作。簡言之，酵素就是人體運作的真正關鍵。

如果你想了解長壽之道、健康活力、減重與疾病的治療，或者覺得在服用營養補充品多年之後，卻沒有得到你所期望的效果，請你一定要閱讀本書。我們的身體就像一副機器，裡面具有無以數計的酵素，關於酵素重要性的報導，相信今後還會越來越多。現代人越來越具有健康觀念，也越來越懂得要去享受生活，因此，我們會需要更有活力的身心靈，來幫助我們面對未來可能的壓力及挑戰，這些都要靠酵素來輔助身體。你會驚訝地發現，原來這些小小的酵素，竟然有如此偉大的功效！

「最好的顧客，就是最有知識的顧客」，我們都聽過類似的建言，事實上，我們對於自己的身體知道得越多，才能更加知道如何去照顧自己，我們健康也才能得到更多保障。畢竟，每個人的健康還是掌握在自己手上，因此，請多多接受正確的知識，唯有如此，才是真正愛護你的身體，尊重你的身體；也請你推己及人，使人人都健康快樂。

自然醫學醫師

亨伯特・聖提諾博士

目錄

第一章 酵素的基本認識：酵素是什麼？怎樣運作？在身體的哪裡？何時運作？

第二章 酵素與消化

第三章 預消化作用與預消化食物

第四章 酵素、大腦與心理

第五章 老化與長壽

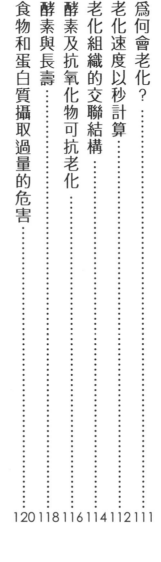

第六章 發炎、疾病與過敏

第七章 我需要酵素嗎？

第一章

酵素的基本認識：

酵素是什麼？怎樣運作？在身體的哪裡？何時運作？

一九九六年《蘇格蘭醫學雜誌》揭櫫：「世上每個人，以及所有生命的生物體，都是一系列酵素相互作用的結果。」通常當我們想到酵素，就會聯想到消化。的確，酵素是食物的基本物質，幫助人體吸收營養素。但是我們卻沒想到，其實酵素也參與身體各種新陳代謝作用。

在我們的身體組織、器官中，到處都有酵素的蹤跡。免疫系統、血液、肝臟、腎臟、脾臟與胰臟，我們會看見，會思考，會呼吸，這些都要仰賴酵素。沒有酵素，身體就不能運作。

因此，如果缺乏酵素，可能造成傷害，甚至引起健康的問題。事實上，如果酵素的缺乏是遺傳性或毒性物質導致，就會造成疾病。如果是有酵素不足的情形，還會造成老化問題。因此，如果我們能夠時時保持體內具有充足的酵素，就會變得更健康。

什麼是酵素？什麼是酵素活性？

以科學觀點來看，酵素是具有能量的蛋白質分子。為了描述酵素的性質，我現在要用一個比喻，一個電燈泡必須要有電流通過才會發亮，燈泡發亮的原因是電，所以電流就是燈泡的「生命力」，要是沒有電，燈泡只是一個不會發亮的東西。因此，我們可以說電燈泡具有雙重性質，一是電燈泡的實體構造，二是經由電燈泡所呈現的非實體力量。

同樣的道理，可以用來解釋酵素。酵素是蛋白質分子，但除了實體構造，酵素還有一種活性。各種酵素在人體內具有各種作用，各司其職，例如：消化澱粉，建構骨骼和皮膚中的蛋白質，加強解毒功能等等（這裡僅舉幾個例子）。然而，一旦酵素遇到高溫，就會被破壞或失去活性，改變了性質，不再能夠執行原有的功能。此時，雖然酵素還是具有蛋白質的構造，卻已失去生命力。

酵素的這種「活性」，最早在一九九三年的一個化學實驗中發現，科學家觀察到，在某種蛋白質分子裡面有一種「能量因子」，會轉移出去，然後蛋白質分子便會失去活性。為了講得清楚一些，不妨把酵素的蛋白質分子當作活性的「載體」，就像前面提到的電燈泡是電力的載體一樣。

每種酵素都會對一種目標物質發生反應，使酵素改變成另一種物質，或是產生副產物，但酵素本身的特性不變。這種目標物質叫做「受質」（substrate）。酵素與受質的反應，決定於酵素的幾何結構，如下頁圖所示。

酵素如何作用

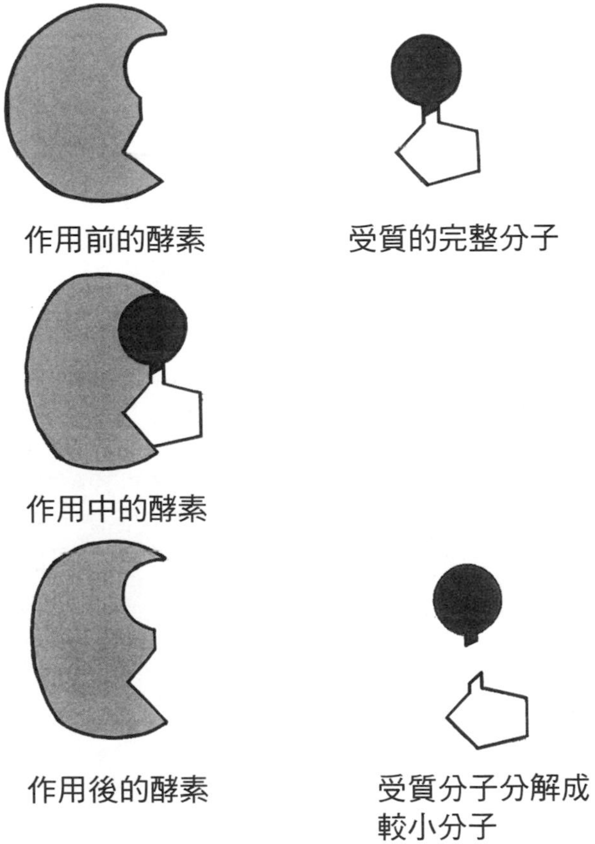
作用前的酵素
受質的完整分子
作用中的酵素
作用後的酵素
受質分子分解成
較小分子

酵素數量與名稱

根據本書所要傳達的目的，酵素主要可以分成三大類：

1. 代謝酵素——在人體血液、組織和器官中運作。
2. 消化酵素——人體所產生，幫助消化的酵素。
3. 食物酵素——生食裡面所含有的酵素。

自一九六八年起，至今約發現有一千三百種酵素。甚至有一位科學家在動脈裡面就發現有98種酵素在運作。國際酵素委員會（Enzyme Commission）為了將持續發現的酵素分類，發展出一套英文的命名法則，字頭描述酵素的功能，字尾則以英文「ase」（酶）結束。根據這個法則，可以將消化酵素分成四大類：

1. 澱粉酶（amylase）——對澱粉產生作用，如多醣類的澱粉、支鏈澱粉等。
2. 纖維酶（cellulase）——對纖維素產生作用，如植物纖維。
3. 脂肪酶（lipase）——對脂肪產生作用，如脂質。
4. 蛋白酶（protease）——對蛋白質產生作用。

每一大類的酵素，都包括一群具有特殊功能的酵素。例如，胰蛋白酶和胃蛋白酶可分解蛋白質，因此歸類於蛋白酶。這兩種酶是在命名法則建立之前就已經發現了，胰蛋白酶正式的名稱應該是胰蛋白酶原催化酶（trypsinogenase），胃蛋白酶則是胃蛋白酶原催化酶（pepsinogenase）。蛋白酶又稱為蛋白質分解酵素。

但是，這些酵素的繁複名稱對你來說並不重要，重要的是要去了解酵素的來源，如何攝取酵素，並且要知道，如果缺乏酵素，生命就無法延續。

酵素的功用

酵素在人體內進行非常多的作用，除了分解食物，建構人體健康所需的營養成分，酵素還有其他各種作用，因此我們的生命必須仰賴酵素，所有細胞的活動，都是由酵素所引發的，以下舉出一些例子來介紹酵素在人體內的重要作用。

・酵素幫助肝臟和肌肉儲存醣類（肝醣），並幫助脂肪組織儲存脂肪。

．有一種酵素可以幫助骨骼和神經系統吸收磷，另一種酵素則可以幫助紅血球吸收鐵。

．在人體代謝的作用中，酵素可幫助含氮廢物合成尿素，經由膀胱排出尿液。在肺部排出二氧化碳的呼吸過程中，也需要酵素的協助。

．在免疫系統中，酵素會幫助排除血液和身體組織中的廢物、毒素與外來異物等。

．精子能夠鑽進卵子，就是要靠酵素才能溶解卵子的細胞膜，產生縫隙。

人體內的酵素種類非常多，每種酵素都具有特殊的功能。酵素的活性可以說是非常具有「智慧」，例如消化蛋白質的酵素，就不會消化脂肪；消化脂肪的酵素，也不會去消化澱粉，這就是酵素的「專一性」。

如何獲得酵素

所有的生命體內，都含有酵素，所有動物與植物的生命，也都需要酵素。我們體內的代謝酵素和消化酵素，是由人體的器官和組織所製造的。例如消化系統中很重要的胰臟，會分泌脂肪酶、澱粉酶、蛋白酶，以分解脂肪、澱粉、蛋白質。

現在問題來了，這些酵素都是由胰臟所分泌嗎？以邏輯推斷，胰臟僅僅只有大約85公克重，這麼小的器官，不可能日日年年都產生70公斤重、成年男子需要的所有酵素。

早期的科學實驗顯示，即使割除胰臟，身體依然會維持一定的酵素量。加拿大多倫多大學曾經將十六隻狗的胰臟割除，後來卻發現這些狗血液中的澱粉酶依然維持正常值。美國耶魯大學醫學院則是將狗的胰管結紮，發現牠們血液中的澱粉酶變成正常值的二十倍。這些實驗顯示，失去胰臟之後，酵素的供應一定是來自其他源頭。

胰臟會接收血液和組織中的酵素，這項說法已經獲得驗證。在身體裡穿梭的白血球（淋巴球）是免疫系統的一個重要環節，負責摧毀外來異物。威斯特醫師（Dr. Richard Willstatter）發現，淋巴球所含有的澱粉酶、蛋白酶，都和胰臟所分泌的很相似，事實上，淋巴球所含有的酵素種類，比胰臟的還多。

我們一出生，體內就有一定的酵素量，在我們一生中都會繼續生產酵素。但酵素量會隨著年齡增長而減少，特別是由於飲食中缺乏酵素所致。由於人們吃的大部份是熟食，消化系統必須分泌所有幫助消化的酵素，導致人體為了供應這些酵素，不斷從其他器官和組織中挪用所需酵素，因此造成代謝酵素的缺乏。

還好，大自然在食物裡面原本就有酵素的存在，可以幫助消化，讓我們的身體不致於負荷過重。我們可以從來自植物、動物、蕈菇類等各種生食和營養補充品，吸收外來的酵素。野生動物吃的都是生食，需要大量的酵素幫助消化，以免器官負荷過重，會減損牠們的壽命。

小腸可吸收酵素，進入血液

有一個關於酵素非常重要的發現，就是從吃下去的食物或營養補充品裡面，可以透過小腸壁吸收其中一部分酵素，這些酵素會進入血液，或儲存在身體裡面，可以輔助分泌酵素的器官，降低酵素分泌的壓力，避免酵素不足的情形。

歐葛斯醫師（Dr. Anton W. Oelgostz）及同事發現，如果對血液中澱粉酶含量低於正常值的病人，給予含有澱粉酶的胰臟萃取物，經證實，一小時後，病人的澱粉酶值會回復正常，並且可以維持數天。而且，假使病人有過敏，以及血液中酵素含量過低，服用之後，發現酵素值立刻恢復正常，過敏也消退了。

其他研究證明，消化不良、胃酸過多，由於食物消化問題所引發的皮膚疾病，也可以用口服酵素的方式來消除症狀。對酵素來說，血液是個很適合協助未消化物質分解的環境。渥夫醫師（Dr. Max Wolf）和羅斯柏格醫師（Dr. Karl Ransberger）已多年採用蛋白酶來治療發炎和運動傷害。

在兩位醫師合著的《酵素治療》（*Enzyme Therapy*）一書中，有個實驗描述在數種酵素內添加放射性染料，以測試酵素是否會從消化道循環進入血管和人體。結果經由電泳分析（Electrophoresis利用電流來測定酵素含量）顯示，這些吸收的酵素，確定會出現在肝臟、脾臟、腎臟、心臟、肺臟、小腸中。

為何會缺乏酵素？

酵素的特性之一，就是無法抵抗高溫，尤其是烹煮。當食物裡的活性成分接觸到高溫蒸氣時，食物裡含有的酵素就會快速失去活性，甚至被破壞殆盡。在溫度約攝氏54度時，所有的酵素都會瓦解，也就是說，在罐裝、高溫消毒、滾燙、烘烤、燒烤、燉煮和油炸的食物裡，酵素已完全失去活性。雖然罐頭裡面還是含有維生素和礦物質，但是裡面所含有的酵素都已經受到破壞。

賀威爾醫師（Dr. Howell）認為，「在攝氏48～65度的熱水中，酵素幾乎會被破壞殆盡；以長時間低溫48度加熱，或以65度瞬間加熱，也會殺死酵素；在60～80度加熱一個半小時，就會殺光所有的酵素。」食物加工、精製、烹煮及微波加熱，都會讓我們所食用的食物產生遽變，因為這些處理方式會破壞酵素，進而造成人體器官失衡，成為引發疾病的遠因。

調查發現，隨著溫度上升，酵素不但效率降低，而且消耗量也增加，例如，在馬鈴薯澱粉裡面加入澱粉酶，發現溫度約攝氏27度時，比起約攝氏45度，消化的速度更快。

現代一般對於酵素消耗的認識，並不是酵素「用完了」，而是「失去了」，許多實驗發現，在發高燒或是激烈運動之後，尿液裡面會發現大量的酵素。每天人們都會從流汗、尿液、糞便以及唾液、腸液等所有的消化液中，失去許多酵素，同時雪上加霜地，隨著年齡增長，體內的酵素只會少、不會多。

人體所需的維生素和礦物質，可以經由日常食物來補充，但是很少人會注意酵素不足必須多吃生食來補充。如果人體總是從其他器官攫取不足的酵素，久而久之，就會導致酵素消耗過量，早衰，並使得身體能量不足。

貧瘠的土壤，種出貧瘠的食物

泥土裡面含有各種細菌和微生物，所產生各種酵素有澱粉酶、脂肪酶、尿素酶、蛋白酶、纖維素酶等等。蚯蚓在泥土裡鑽來鑽去，吞食土壤中可以利用的有機物，並排出富含酵素的糞便。園藝家最喜歡用含有大量蚯蚓糞便的泥土來種植花草樹木。科學家測量土壤中的酵素含量，可以知道土壤是否肥沃，這些都與我們人類的健康息息相關。

億萬年以來，無數動物的尿液和糞便等排泄物，造就地球上肥沃的土壤環境。動物死後的屍骸分解，使得土地含有更多酵素。在幾十年化學肥料發明之前，農夫施肥是使用糞肥，現在有機農場則努力想要重建這樣的自然循環。

在自然界中，正常情況下，獵食者會將動植物中比較虛弱的個體除掉，只有強壯的生物個體可以存活。這些個體具有高度活力，營養豐富。但是這個定律在現代農業的運作下已被改變。農夫用毒藥殺死獵捕者，使虛弱的個體可以成長。今日不用殺蟲劑，農作物就無法生長。換句話說，現代的農作物，無論是水果還是蔬菜，都沒辦法自行生長。

想一想，我們飼養的家畜，吃的是這些缺乏酵素和能量的農作物，有些甚至是不健康的、生病的，而我們自己吃的也是這些農作物，當然健康也好不到哪裡。我們的免疫系統衰弱，只靠食物是不能存活的，一定還要補充營養品甚至藥物。看看現在有多少疾病，心臟病、癌症、心血管疾病，還有一種叫做X症的胰臟病症候群。過度烹調的食物、速食、缺乏酵素的食品、化學藥物、添加物等，都在殘害我們的健康，使我們不得不仰賴其他補充品才能活下去。我們不再是活得健康，而是變成要每天想辦法延長壽命。

缺乏酵素怎麼辦

維持並補充身體所需的酵素，是一個非常重要的課題。方法有二：一是生食，即吃未經烹煮、處理過的食物，二是攝取酵素補充物。關於這兩種飲食方式的無比價值，在這本書裡會作詳盡的討論。我們必須盡可能多吃生食和有機種植的食物，才能獲得天然酵素的最大益處，並且要避免速食和經烹煮、處理過的食物。

即使盡力去做，但你會發現，往往酵素補充的還是不足。我們如果能從外界補充酵素，就不怕快速流失酵素，體內的代謝酵素自然會保持平衡。只要能夠改變日常生活的飲食型態，就可以做到對健康最有所助益的事。

我認為，平常會吃烹煮、處理過食物的人，都有必要額外補充酵素。若是為了提高體內酵素含量，幫助消化吸收，我建議最好立刻開始在飯前補充酵素。請注意仔細閱讀酵素補充品包裝上的標籤，確定是否含有完整的消化酵素群。

第二章

酵素與消化

食物的熱動力學，是研究關於其中生物化學化合物分子的能量。分子原始能量的來源是太陽，經由植物的光合作用，將太陽能量傳遞到地球的電磁波轉化成化學物質。如同其他動物一樣，人類可以分解、利用這些化學物質，在細胞層級釋放來自太陽的能量，運用在需要能量的各種生命作用之中。我們所吃的食物能不能維持健康，是要看食物消化的效果，如果不能將食物消化成小分子結構，吃再多食物都沒有用。

食物能量是主要的能量來源。我們或許覺得自己已經吃下夠好的食物，含有所有需要的維生素和礦物質，但卻沒有考慮這些食物中的生命力是否依然存在。只要經過烹調、處理，食物的能量就可能會被破壞。如果總是攝取這樣的食物，會對身體產生越來越多傷害，結果甚至會造成糖尿病、癌症、心臟病等疾病。

為了要過健康的生活，我們要優先維持能量，避免生命力的耗損。

要達成這一點，可以吃生食以及未經處理加工過的食物，把來自陽光的生命力帶進我們的身體裡，這種食物才能讓我們獲得營養和能量。如果我們能從外界補充酵素，身體就不必從器官或代謝過程來擷取酵素，也不會有缺乏酵素的情形發生。

生食對於消化的益處

生食和熟食最大的差別在於酵素的活性。拿兩顆種子，一顆煮過和一顆沒煮過，種入土中，哪一顆會發芽呢？毫無疑問的，沒煮過的種子會發芽，這是因為裡面的酵素未遭破壞。

所有來自於自然環境未經烹煮的食物，都富含酵素。透過咀嚼可以釋放一部分酵素，而在消化過程中，這些食物中所含的酵素也有助於消化作用。在生食中的酵素，約可協助5到75％的消化作用，這樣一來就可以減輕身體分泌酵素的負荷。舉例來說，我們已知鳥類不會分泌澱粉酶，但是德國柏林農業大學的研究發現，在給雞隻餵食含有大量澱粉的生大麥以後，經過5個小時，分析雞胃內的物質，發現竟然有百分之8左右的生大麥已經消化。

由於生食所含有的酵素可幫助食物本身的消化，又能透過腸胃道直接吸收到血管裡，幫助身體其他的代謝作用。因此，我們可以這樣下定論：補充酵素，或是吃大量的生食，可以降低胰臟和身體其他器官的工作負荷。這是一種能量守恆定律。

還有一點，比起吃烹煮或處理過的食物，在吃生食的時候，胃酸分泌量會減少。這樣一來，可以提高生食裡酵素的作用，為接下來的腸道消化預作準備。烹煮或處理過的食物，由於裡面的酵素已經破壞，失去活性，在胃裡就不會像生食那樣能夠幫助消化。如果食物比較多含油脂或澱粉，就要等到通過小腸才能開始消化；如果消化作用不振，或是身體分泌酵素量不足（老人常有這種現象），食物會在體內發酵，產生氣體、脹氣、便秘、結腸發炎等問題。

由於以上這些事實，綜歸最理想的飲食方式就是吃素，而且每日吃的生食大約要佔75％，也就是四分之三。如果你一天沒有辦法吃這麼多生食，最方便就是服用植物酵素補充品。但即使一個人的飲食百分之百是生食，也無法完全保證酵素攝取量足夠，這是因為各種食物含有的酵素量不同，例如柑橘類水果和非澱粉類蔬菜所含有的酵素比較少，而富含澱粉類的香蕉、芒果、酪梨等的酵素比較多。所以即使是以生食為主的人，也可以從酵素補充品中得到許多益處。搭配生食和酵素補充品，可以為我們的健康帶來最大的好處。（想進一步了解生食的療癒功效，可參考下列自然療法等暢銷作家的著作：Arnold Ehret, Ann Wigmore,

George Drews, Viktoras Kulvinskas）

酵素發揮消化作用的環境

一般公認，胃部所分泌的酸，會把食物和補充品裡面的酵素都破壞掉，因此酵素經過胃部的消化作用之後，唯一剩下的功用就是作為胺基酸營養成分，其實這是不正確的。根據研究證實，我們吃進去的酵素，有一部分會在胃部作用，一部分會在小腸作用，有的則在胃部和小腸都會作用，例如澱粉酶在整個消化道都會發揮作用。美國西北大學的研究報告顯示，從大麥中抽取的澱粉酶會在胃中作用，經過胃部消化，會隨食物移動到小腸，繼續發揮作用，不會失去活性。貝茲醫師（Dr. Isomar Boas）指出，在香蕉裡含有的酵素，會在小腸中發揮作用，幫助消化過程。俄國科學家馬提夫博士（Dr. Matveev）認為，胡蘿蔔的氧化和催化酵素，會在胃中受到酸作用而失去活性，但是在小腸的鹼性環境下則會重新恢復活性。

另外有一個關於胃部消化的小問題，一般認為食物中只有蛋白質會在胃部進行消化，等到進入小腸，才由胰臟所分泌的酵素，對脂肪和碳水化合物作分解，但這個迷思已經破解了。美國伊利諾醫學院病理系的貝爾格教授（Dr. Olaf Berglim）給參與實驗的人吃富含澱粉的馬鈴薯泥和麵包，等四十五分鐘再研究胃裡的成分，發現76％馬鈴薯泥中的澱粉，還有59％的麵包澱粉，已被消化。而另一份由比瑞爾（J. M. Beazell）博士等人所做的研究，則指出食物在胃中的頭一個小時，澱粉的消化比蛋白質多出數倍。

我們身體的消化器官和分泌物，對於pH酸鹼值非常敏感。什麼是pH酸鹼值？意思就是氫離子的濃度，用來表示液體為酸性或鹼性。水裡的氫離子越多，水就越酸；氫離子減少，水就趨近鹼性。pH值從1到14，用數字表示，數字越大越偏鹼性，越小則越偏酸性。

- 1到6代表酸性。1為強酸，6為弱酸。
- 7代表中性。
- 8到14代表鹼性。8為弱鹼，14為強鹼。

胃中的消化液含有鹽酸（HCl），酸鹼值介於1.6到4.0之間。牛津大學泰勒博士（Dr. W. H. Taylor）發現，胃部的酸鹼值變化可以分為兩個不同部位，第一個「前消化區」的酸性比較溫和，為3.4到4.0，在胃的後半部位置，酸性比較強，為1.6到2.4。

泰勒博士同時發現，人體的胃蛋白酶在酸鹼值1.5到2.5中最能發揮效用，這表示當胃開始消化作用的時候，胃蛋白酶的活性並不強，不能夠發揮最強的消化力，等到半小時至一小時之後，食物移動到胃較酸的區域，胃蛋白酶的消化活性才會增強。可見我們人體消化蛋白質是從胃部開始，在小腸中繼續進行。

等到胃裡的食物變成流質的食糜，就會慢慢被送入小腸。小腸的第一段叫做十二指腸，在這裡由於有胰臟分泌的消化液，含有鹼性的碳酸鹽，會中和食糜的酸性，將酸鹼值轉變為7到8。胰臟和小腸分泌的酵素，必須要在鹼性的環境才能發揮作用。

食糜變成鹼性以後，同樣是胰臟所分泌的胰島素，會取代胃蛋白酶的作用，胰臟也會分泌澱粉酶和脂肪酶，在小腸裡面進行澱粉和脂肪的分解。

動物、植物、菇蕈類的酵素補充品

在市面上有各式各樣的酵素補充品，如何選擇優良產品，才能補充體內不足的酵素，是一件很重要的事。由於最主要的消化作用都發生在腸胃道，因此酵素能夠在較大範圍pH酸鹼值依然保持活性的，會比只能在某處活躍的較為恰當。也就是說，最好能選擇可以同時在上胃部、下胃部、小腸都能保持活性的酵素。

47頁圖表是各種消化酵素可以發揮最好作用時的pH酸鹼值。

「胰液素」是一個集合名詞，意指胰臟所分泌的消化液，包括脂肪酶、蛋白酶、澱粉酶，通常的來源是屠宰動物經過處理、萃取、濃縮所得。如圖所示，動物胰液素的作用範圍只局限於一部分的pH酸鹼值，因此可以在鹼性的小腸環境作用，但不能在酸性的胃部環境作用。

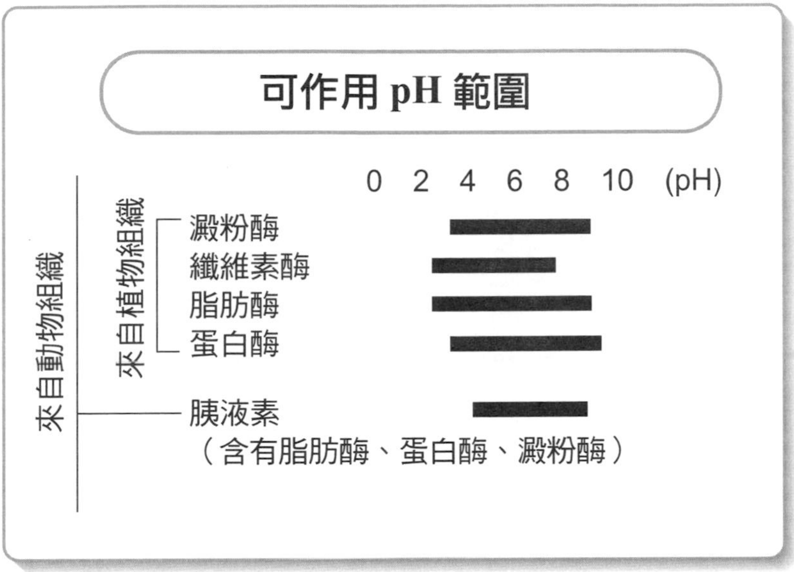

補充品的胰液素，通常會包裹在膠囊裡面，這樣吞食的時候就不會受到胃部酸性作用的影響而降低活性。等到進入小腸，膠囊才會被鹼性分泌液分解而釋放出胰液素。由於釋放酵素的過程是受到胰臟的分泌作用所引發，因此胰液素補充品不能減輕胰臟分泌酵素的工作，不像生食裡面的酵素同時有助於胰臟的酵素分泌。

以前的研究認為植物萃取酵

素不能代替動物性酵素，但近年已有研究推翻了這個說法。有一些植物蛋白酶和脂肪酶可以在大範圍的酸鹼值下作用，pH 3到8.5都沒問題，可幫助食物在胃中預先進行消化作用，不必等到進入小腸才被胰臟所分泌的酵素來分解。這樣一來，就可以減輕胰臟的工作負荷，提供足夠的酵素可以給身體其他代謝作用，有助於消除身體的壓力。關於植物的蛋白質酶、脂肪酶、澱粉酶等酵素補充品，都可以在市面上的健康食品商店裡面買到。

有一篇很有趣的醫學研究報告，是關於一種從鳳梨中萃取出來的鳳梨蛋白酶（bromelain），這種蛋白酶會將蛋白質分解成較小的多肽類分子。在這篇報告中，研究者用胃蛋白酶和胰島素來比較鳳梨蛋白酶，因為鳳梨蛋白酶和胃蛋白酶、胰島素具有同樣消化蛋白質的功能，但是鳳梨蛋白酶在胃部的酸性環境和小腸的鹼性環境中都具有作用，而胃蛋白酶、胰島素則否。因此，報告認為鳳梨蛋白酶可以有效取代胃蛋白酶、胰島素，作為酵素的營養補充品。

美國德州大學賽爾博士（Dr. W. A. Selle）以一群狗為實驗，將狗的胰管結紮起來，所以胰臟不能將胰液分泌到小腸裡面進行消化作用，然後再餵狗吃添加從大麥所萃取的澱粉酶的穀類澱粉。結果顯示，一些狗所吃下的穀類澱粉，在胃部就已經有65％已經消化。胃部的pH值約為2.5，在這種強酸環境下，唾液裡面的澱粉酶不能發揮作用，因為唾液澱粉酶在pH 4.5以下會失去活性。相較之下，大麥澱粉酶卻可以發揮作用。在狗吃下穀類澱粉半小時之後，發現有69到71％的大麥澱粉酶進入小腸，而且經過胃酸消化，依然持續進行澱粉消化作用。最後，在狗的糞便中，發現裡面含有的大麥澱粉酶，比起狗進行正常消化，胰臟分泌的澱粉酶更多。

來自菇蕈類（例如蘑菇、酵母菌）的酵母，經研究評估發現，在胃部、小腸甚至大腸，都具有相當優良的活性。賀威爾醫師發現一些用小麥、米麩、黃豆等種植出來的菇蕈類，所產生的蛋白酶、脂肪酶、澱粉酶、纖維素酶，可以在非常寬廣的pH值範圍發揮作用，在大部分的消化道都可持續進行消化分解，同時有助於紓解血液中酵素含量不足的問題。賀威爾醫師因此建議人們，不妨在飲食同時攝取這些菇蕈酵素膠囊，或是在進食之前可以用水服用一些菇蕈酵素粉末。

烹調和過度處理食物的缺失

如果飲食大部分都是烹調過的食物，已經證明會產生許多缺失。烹調並不會增加食物的營養，相反地，烹調反而會造成食物中85％的營養流失或破壞。首先，烹調過的食物會缺乏酵素，由於大部分食物中的蛋白質受到加熱破壞，結構改變，使人體的酵素無法加以消化分解，或是造成消化困難。再者，許多食物原本的維生素也會流失。如果購買有機食材，卻花費幾小時烹煮破壞其中的營養，不但不經濟，也不健康，更無助於自然環境。

大部分的食物處理時，都會採用加熱、蒸氣、輻射（例如微波）等方式，不僅會破壞食物能量，還會使食物中重要的維生素和礦物質發生不良變化。烹調過程中也會破壞蛋白質，使蛋白質失去活性，尤其是蛋白酶。有時過度加熱會導致蛋白質裡的胺基酸分子形成鏈結，我們的身體無法辨識這種食物，造成身體不能利用或排除這種蛋白質，就會堆積在身體組織裡，久而久之造成健康問題。

美國農業部對於食物經過烹調處理前後的熱動力學，有完整的報告。發現經過處理的食物，普遍都有能量明顯降低的情形。例如，四季豆和紅蘿蔔會流失30％的能量，肉類和海鮮會失去7到31％，牛乳製品最多會失去50％。食物加工處理後，營養素流失的情形也很嚴重，穀類最多會減少15％的蛋白質，65％脂肪，80％維生素B1，40％維生素B2（核黃素），66％維生素B3（菸鹼酸），94％的維生素B6。植物會失去40到70的維生素C；以桃子為例，經過加熱處理，會失去70％的維生素B3、A、C、B2、B1。波菜經過烹煮，會流失35％的水溶性維生素。

罐頭食品對營養的破壞尤其大。一份來自哥倫比亞大學的比較研究，顯示無論是烹調後罐裝的食品，或是經過加工的罐頭製品，裡面的酵素都完全消失，有時甚至會破壞其中90％的營養成分。如果要我就這個主題發表演說，相關的科學研究一整天都說不完。

熟食導致的後果

賀威爾醫師表示，「研究人員證明，在消化系統裡，熟食所含有的纖維素，與生食所含有的纖維素相比，分解速度慢了許多，而且由於部分熟食會發酵、腐爛、發臭，人體將這些毒素和毒氣吸收進去，會引起胃灼熱及退化性疾病。」

烹調過的食物，如果裡面含有高蛋白質，這些蛋白質就會開始腐壞，結果產生毒素，經過身體吸收進入血液，最後從腸道分別運送到身體各處，堆積起來。看到這裡，你可以看見酵素多麼珍貴，可以幫助血液澄清無毒素。

根據估計，約有80％的疾病，是由於消化不良的食物所產生的次級產物，被身體吸收所導致。

進一步解釋，如果食物經過度烹調，破壞了其中的酵素，當我們吃下食物以後，胃部在進行消化作用時，食物中只含有來自唾液的澱粉酶，可以幫助一部分澱粉分解。但是由於胃部的環境呈酸性，食物在胃中的時間除了胃蛋白酶會分解食物裡的蛋白質，其他的食物成分不會被分解，況且蛋白酶的作用要在胃的下半部才會發生，所以食物裡的脂肪就要等到進入小腸，才能由胰臟所分泌的脂肪酶進行消化。

因此，烹調過的食物對於內分泌腺會產生重大影響，使內分泌腺負荷過重，因而產生體重增加、急性低血糖、肥胖等後遺症。雖然我們的腺體可以感測身體是否具有足夠的卡路里，但是由於食物過度烹調，造成酵素和營養成分不足，因此腺體的分泌會就出現失衡的反應，同時會因為要補足不夠的酵素和營養成分，引發過度刺激消化器官，造成荷爾蒙分泌過量、暴飲暴食、肥胖，由於過度新陳代謝，最後導致腺體衰竭，酵素大量消耗。

適當飲食有助於不必要的器官失調和疾病，但是如果吃的是不含酵素的過度烹調食品，就會造成傷害。由於身體必須消耗大量的酵素才能應付需求，使得其他器官組織酵素含量不足。雖然人們吃這樣的食物還是可以活很久，但是最後會造成細胞的酵素衰竭，導致免疫系統的基礎變得脆弱，最後當然就會生病。事實上，每個人都受到烹調食品的危害，甚至動物也一樣，動物學家發現，被捕捉到的野生動物開始吃人類處理過的食物以後，會漸漸產生人類的疾病，像是胃炎、十二指腸炎、結腸炎、肝病、貧血、甲狀腺疾病、關節炎、心血管問題等。

普騰格醫師（Dr. Francis Pottenger）執行了一件長達十年的研究計畫，總共觀察過900隻貓的飲食狀況。發現吃生食的貓，生出來的後代，每一代都很健康；而吃烹調處理過食物的貓，卻會出現各種問題，包括：

心臟病、腎臟病、甲狀腺疾病、肺炎、癱瘓、掉牙齒、分娩困難、性慾減低或過度、腹瀉、暴躁等。這些貓吃了烹調處理過的食物，傷害非常明顯，連膽囊裡的分泌物都具有毒性。用這些貓的糞便作為土壤肥料，結果甚至連雜草都長不出來。第一代親貓吃了這些食物，過得病懨懨。所生的第二代子貓，到中期開始出現退化性疾病。第三代孫貓有許多死胎或先天疾病，即使長大也會出現退化性疾病而早夭，或是不孕，而第四代則是全部死亡。

熟食與胰臟擴大

有些動物只吃不經烹調處理的植物，觀察這些動物，會發現一件有趣的事，就是這些動物的胰臟與體重相比，就比例來說，要比人類的胰臟小很多。請看58頁表格。一個65公斤的成人，胰臟為85到92公克。一隻39公斤的綿羊，胰臟為18.8公克。一頭456公斤的乳牛，胰臟卻只有308公克。一匹545公斤的馬，胰臟為330公克。

請注意一下，人類的體重和牛馬比起來很小，但是胰臟的比例卻很大。由於人類需要處理缺乏酵素的熟食，胰臟在過度工作之下變大。令人費解之處在於，人類的唾液裡面還有澱粉酶，其實應該可以幫助胰臟的澱粉消化作用，但是在這些草食動物的唾液中並沒有澱粉酶，胰臟也沒有因此而變得比較大。這可能是因為生食活化了消化的酵素，減輕了胰臟及其他器官的負擔，促進了全身的代謝作用。

一九三三年菲律賓的公共衛生學院，解剖了768具人類屍體，發現其中菲律賓籍屍體的胰臟，比歐洲籍或美國籍的胰臟還要重25%至50%。菲律賓人的主食是米飯，一天三餐以米食為主，因此造成胰臟的過度運作，使胰臟重量增加，才能分泌足夠的酵素，特別是澱粉酶。熟食的飲

動物與人類的胰臟比較

	體重（公克）	胰臟重量比例（體重百分比）
綿羊	38, 505	0. 0490
乳牛	455, 265	0. 0680
馬	543, 600	0. 0603
人	63, 420	0. 1400

食型態促使人體器官必須分泌更多的酵素。或有些人會認為，器官變大是因為身體適應的結果。但其實這是一種病態，一旦器官變大，就會伴隨過度運作，造成器官衰竭或功能降低。

熟食與白血球增生

柯契卡夫博士（Dr. Paul Kouchakoff）研究熟食對我們身體會造成的問題，他發現在攝取熟食之後身體的白血球會增加。由於身體所有的代謝作用之間都會有交互影響，因此這種熟食導致白血球增加的情形，是因為身體為了促進消化作用所做出的補償，以便生產大量的酵素。而為了生產更多酵素以運輸到消化道，身體需要更多的白血球。

柯契卡夫博士的實驗並且證實，只要吃一頓生食，這種白血球增生的情況就會消失。由於生食中的酵素可以幫助消化，因此減輕了身體負擔，不再需要從其他身體組織的儲備量來預支酵素，像這個例子就是從免疫系統裡面借來重要的白血球。白血球增生是病理學上的一種疾病，如果身體內部發生這種現象，表示一定有某個部位生病或發生感染，有時候體重增加也會有白血球增生的情形。因此為長遠之計，熟食不是一種良好的飲食方式。

第三章

預消化作用與預消化食物

如果說營養方面的研究文獻有什麼不足的部分，我想就是「預消化食物」（predigested food）。數以千計的書籍和研究報告說明各種各樣的藥草、食物、營養補充品，可以幫助人們抵抗疾病、抗衰老、支持免疫系統。「預消化食物」不但會出現在這些營養食品中，還因此而出現一個新的分類：「超級食物」。不論你對營養的興趣是大是小，你都會在這一章節中發現令人興奮的豐富資訊。

預消化食物，顧名思義，就是在我們吃下食物之前這些食物已經在體外消化了。因此這類食物可以節省消化所需的能量和物質，進而對身體很有益。在自然界中，預消化食物有芽菜和水果，在我們吃下這些食物進行消化作用以前，內含的蛋白質、脂肪、澱粉就已經過消化分解。預消化食物的來源方式有兩種，一種是透過發酵作用，另一種就是利用酵素。

你可以藉由吃大量的預消化食物來增進飲食品質，這是非常有益的。談到營養，我認為營養有兩個層次，一種是能量層次，另一種是物質層次，包括碳水化合物、蛋白質、脂肪、維生素和礦物質。預消化食物對於這兩個層次的身體需求都很有幫助。在預消化的完全食物中，可以攝取到完整的營養素，這些營養素有彼此促進作用。對於生物需求和身體正常運作來說，維生素必須與礦物質交互作用。我的意思並不是「不要補充單一維生素和礦物質」，而是「請確認自己的飲食，要含有足夠的全食物與預消化食物，以補充身體可能缺乏的營養」。

世界上很少有食物像預消化食物一樣，適合每一個人食用。無論你是運動選手、病後調養，或只是對保持健康、預防衰老有興趣，預消化食物都對你很有幫助。預消化食物已被證實安全健康無虞，因此連嬰兒都可以吃，也可以製成早餐穀片、三餐替代品、食物纖維、蛋白粉、醫院伙食、老人飲食補充等，具有廣泛用途。

事實上，預消化食物早就存在我們的生活中，因為太普遍了，所以我們反而沒注意，也不認為這件事很重要、值得重視。我們總覺得，重要的事必須難以達成，否則就不會得到重視。但預消化食物可不一樣。

人體天生適合吃預消化食物

人體的構造和生理原本就很適合攝取預消化食物，生理學家卡儂（Walter B. Cannone）研究指出，人類的胃「在生理學上可分成兩種不同部位」，他認為，「胃的賁門是人體食物的儲存庫，在此部位唾液會繼續進行消化作用；而胃的幽門則是胃液活化進行消化的部位，但賁門部位看不到這種胃蠕動的現象」。

胃的上半部可以稱為「酵素胃」，非常重要。以身體構造的專有名詞來說，酵素胃的組成包括賁門區和幽門區，如66頁圖所示。在吃下食物的半小時到一小時之間，在酵素胃的部位還沒有分泌胃酸，也沒有胃蠕動發生，這時，食物中所含有的天然酵素就會開始作用，如果有補充額外的消化酵素，也會在此時發揮作用，進行預消化。

人體的酵素除了用來分解食物，其實還具有更重要的功能。如果在胃部的消化進行得越充分，接下來胰臟和腸道分泌腺的負擔就越輕，這樣就有助於保存體內的酵素，作為其他重要用途。如果有預消化作用，胃部的代謝酵素就不需要那麼多，這樣一來也減輕了胃部的負擔。

在自然界中預消化作用廣泛可見，酵素胃不僅見於人類，例如牛、羊等動物具有四個胃，其中一個就是酵素胃，其他三個胃則是讓酵素進行分解作用。海豚和鯨魚有三個胃，其中一個胃不會分泌酵素。有一個鯨魚的研究發現，在鯨魚的酵素胃裡找到32隻海獅，但是這個胃並不會

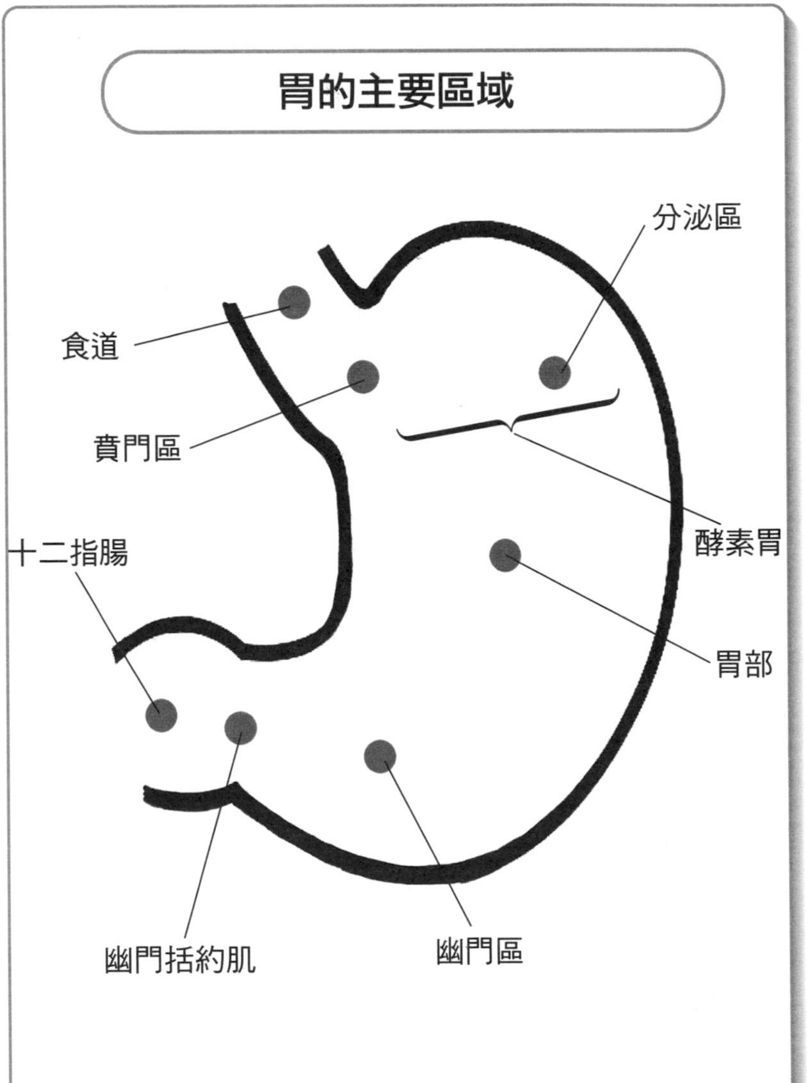
胃的主要區域
分泌區
食道
賁門區
酵素胃
十二指腸
胃部
幽門括約肌
幽門區

分泌酵素，所以海獅肉是如何分解成小塊才能通過通道，以進入其他兩個胃呢？

答案是海獅肉本身就含有酵素。動物死亡後，組織會變成酸性，釋放組織蛋白酶，組織蛋白酶會分解蛋白質。除了組織蛋白酶，還有其他的酵素都會存在一段很長的時間，這種預消化的肉對於動物的幫助很大，因為許多動物都不必分泌大量的消化酵素來消化食物。

人體內外的消化酵素協同作用

在生食裡有一部分的酵素會在人體內保持活躍，通過消化道，有助於預消化作用。這些酵素可以幫助5到75％的食物進行消化。事實上，這些食物中所有的消化酵素會與人體內的消化酵素進行「協同作用」（synergy），以便共同合作將食物裡的大分子分解以便吸收、進入血液，讓食物能夠充分發揮蘊藏的能量。

研究顯示，在吃下食物最初的45分鐘至一小時，胃部的食物就已經進行了預消化作用，然後才進入小腸。小腸的前端稱為十二指腸，在這裡有胰臟分泌的各種消化酵素，包括蛋白酶、脂肪酶、澱粉酶。如果食物還沒有經過適當的預消化作用，胰臟的工作量就會增加，壓力變大，必須供應充足的消化酵素給小腸進行消化作用，這時身體的其他部位就會因為胰臟酵素供應不足而暫時缺乏酵素。在許多的慢性疾病中，胰臟往往是首先發生問題的器官之一。

在食物到達小腸以前，如果有較多的食物已進行預消化作用，對身體的整體性、力量、免疫力就越有幫助。人體會評估所需要的酵素，然後製造出來，不會做多餘的工作，根據「消化酵素調節式分泌法則」（Law of Adaptive Secretion of Digestive Enzymes），人體會根據飲食的狀況自動調整消化酵素的分量和種類，假使食物中含有完整的酵素，或是食物已經經過預消化作用，身體就毋需分泌過多酵素。

人體能夠有效率地分配酵素的能量，有助於維持健康、減緩老化、預防疾病。這種能夠保存酵素的分泌能力，使得營養更能為細胞所利用，提供代謝作用充足的酵素，有助於免疫力等人體內各種作用，並可促進細胞內的熱動力學，這些都將能達成，只要我們吃的是天生為人類所設計的食物！

利用預消化食物的無比價值

你知道自己是否吃下足夠的生食，可以讓身體不必動用酵素保存量？想要達成足夠的消化酵素量，我們必須吃下大量生食。可惜生食的飲食習慣不容易維持，因為一般人隨著年紀漸增，早已失去足夠的消化力量，無法分解比較堅硬或富含纖維素的食物。此外，將膳食從烹飪食物換成生食為主，似乎是一件大工程。有些人覺得自己的血型必須要多吃肉食和含有大量熱量的食物，例如起司、巧克力等。事實上，吃預消化食物的好處是可以有效幫助身體過度消耗酵素。

人體的組織、器官、系統非常依賴酵素，並且受到酵素活性相當大的影響。因此，吃預消化食物可以支持身體的各種作用，不致造成酵素衰竭。如果人體的消化作用不需要太多工作，節省的能量就可以運用在其他的作用，例如修補身體損傷、產生精力、生長等。由於我們的飲食裡面缺乏酵素，如果能多吃預消化食物，就有助於保護我們的內分泌系統。如此一來，就可以延緩老化，幫助控制體種等。在今日的營養學研究中，對於預消化食物的抗老化、抗疾病作用並沒有看到許多探討，但這些都是非常重要的，因為我們的年紀越大，酵素分泌就會越少，在許多慢性疾病中，缺乏酵素都是起因之一，許多現代疾病也都與胰臟有關。

預消化食物不會形成黏稠膠塊，顆粒比較小，因此容易消化，產生更多能量，剩餘的食物殘渣也比較少，排便量跟著減少。預消化食物的營養密度是一般食物的兩倍以上。對於幾百年來各種傳統文化的飲食，有超過60篇研究報告指出這些「超級食物」的效益。預消化食物可以說是大自然帶給人類最珍貴的禮物之一，讓我們能夠以新的觀點去審視飲食、健康與長壽。

有時減輕體重的飲食沒有效用，是因為食物裡面缺乏酵素。如果少量多餐，由於頻繁進行消化作用，人體會產生酵素缺乏的情形。攝取預消化食物可以補充更多營養物質和酵素給人體，我們就比較不容易飢餓，也就不會出現過度飲食的情形。

現在運動員會在運動前後食用預消化蛋白粉和預消化全食物濃縮精

華，這是因為裡面的營養素比較容易消化吸收，稱為「生物可獲得性」（bioavailable）。這樣一來，運動員的糞便量減少，加上消化吸收和細胞排毒需要的能量減少，因此可以迅速恢復身體能量。

由於預消化食物的這些特性，因此應多運用在醫院伙食，以幫助病人恢復健康，病人可以減少消化和排便的能量消耗，拿來運用在身體自癒上，而要少吃烹調處理過的食物，以及非天然的食物。不管是什麼樣的疾病或是慢性病，預消化食物一律適用，不必探討。預消化食物幫助維持健康和精力，支持免疫系統，輔助身體恢復正常，建構肌肉，很少有其他健康食品可以像預消化食物一樣，具有多變性和相容性，無論是老人或嬰兒都適用。嬰兒或兒童可以用奶昔、蔬果汁、穀片、代餐等方式，來攝取預消化食物。

讀了這本書，你就會明白攝取預消化食物的重要性，這些食物甚至可以歸類為抗老物質！（如果想知道更多關於生食、發芽食物、預消化食物的知識，我建議讀者們進一步閱讀庫文斯博士的著作《21世紀生存指南》*Survival Into the 21st Centry*）

世界各地的各種預消化食物

預消化並不是一個全新的概念，在幾百年來，許多文化都運用預消化食物，直到今天也依然持續著。以前沒有電冰箱的時代，人們運用發酵等技術來保存食物，藉此增加食物的營養含量。世界各地都有發酵蔬菜，例如橄欖、酸黃瓜、德國泡菜、中國的紅糟、日本的漬物、韓國的泡菜等，從西元300年開始，根據記錄，大約有50多種不同的發酵蔬菜文化。製作發酵蔬菜基本上是使用新鮮蔬菜，例如高麗菜、胡蘿蔔，先切成小塊，再攪拌香料，靜置發酵，這樣蔬菜裡面含有的微生物和酵素就會發揮預消化作用。韓國人每天平均要消耗90克的泡菜，泡菜含有豐富的維生素B和C，可以幫助消化，紓解便秘，此外還具有抵抗細胞突變和癌症的功效。

亞洲人利用預消化技術來增進黃豆的營養，他們利用菌類的酵素製作丹貝、醬油和味噌。酵素也可以使起司和肉類「成熟」。黎巴嫩有一種切碎的生羊肉混合小麥的料理，在吃以前要先靜置一段發酵時間。原始愛斯基摩人會將一部分捕捉到的魚埋起來，等到腐爛了，在魚肉裡面的酵素會分解組織，然後才把魚挖出來吃，稱為「高魚」（high fish），因為這種魚帶給人們（還有他們所養的狗）力量和耐力。這種食物不需要分泌大量酵素來消化食物，因此人體可以保存能量，並將能量發揮在工作、代謝作用、思考、運動等方面。

發酵與酵素的預消化比較

前面提過，發酵是原始食物裡的微生物和酵素所進行的生化修正作用，但是由於現在人類使用化學合成肥料來種植農作物，不需要土壤，因此食物先天便缺乏酵素，這樣的食物自然會影響進行發酵作用產生乳酸的酵母菌。

以發酵進行預消化作用，其實有點冒險，這是因為在家裡加工難免會有品質疏忽的時候。在發酵過程中，會產生酸和酒精（在酵素作用時則不會產生這些物質）。如果溫度較高，有些細菌或黴菌會產生黴菌毒素或內毒素。如果沒有監控好發酵過程，黴菌和毒素就會發生不可知的變化，可能會引起不適症狀或消化問題。

以前我曾經造訪過一家療養院，他們喝一種浸泡穀類發酵的水，有些人表示有腹瀉和胃痛的情形，這很可能表示發酵過程受到細菌污染。有些抗酸細菌可以在發酵過程中存活下來，產生其他的致病原和污染物，但是除非有人生病，否則我們不容易發現這些微生物和污染物。

相較之下，酵素預消化作用則較為安全，也比較能受到控制。在一定的溫度和時間之內，用已知來源的植物和動物產品，加入經過壓碎、磨碎、製粉的蔬菜或穀物，混合成粥狀，等到酵素將食物分解之後，混合物的溫度會升高幾分鐘，這樣酵素作用便完成了。這樣製作出來的食物不但經過預消化，也容易分解，具有生物可獲得性。有些食物經過這樣的處理，營養價值甚至會提高。

酵素的使用是智慧的結晶，但不是百分百可靠，由於簡單易行，有些未開化地區主要是用發酵來處理食物，例如在非洲奈及利亞、肯亞、坦尚尼亞等國家慣於食用發酵穀物，在傳統飲食中，人們會將高粱、粟米、玉米等磨碎成粉，攪拌在一起，變成類似麵粉製作的食物，使用時加水攪拌成粥狀，置放在罐子裡靜置發酵3、4天。其他食材例如魚、肉、蔬菜也是用同樣的發酵處理方式，以增進飲食的營養價值。有一個研究關於肯亞鄉下與城市裡的健康勞動者與有小孩的母親，比較不同部落攝取發酵食物的情形，發現有83％的鄉下地區經常使用這些發酵食物，城市地區只有53％。

發酵食物裡最重要的，就是裡面所含的酸會隨著發酵時間而增加，酸會抑制致病原。非洲部落經常以發酵來降低粥裡面所含的微生物污染，用來防範並控制腹瀉的情形。發展中的國家需要更加優良的斷奶食品，以對抗腹瀉和營養不良，這是兩個造成兒童致病率和死亡率最大的原因。在非洲未開化地區，腹瀉和脫水每年造成75萬到一百萬人死亡。

坦尚尼亞穆希比利醫學中心（Muhimbili Medical Center）的治療小組

曾經作過一個實驗，發現用發酵與酵素來預消化處理食物之後，病人可以有效地恢復腹瀉症狀。參與研究的有75位6到25個月大的孩童，分別因患有各種疾病而送入醫院，包括：急性腹瀉、肺炎、腦膜炎、敗血症、急性耳部感染、尿道感染，他們被分成三組，第一組吃一般的粟米粥，第二組吃發酵粟米粥，第三組吃經過澱粉酵素預消化的粟米粥。

結果顯示第一、二組孩童所吸收的能量相同，而第三組經過澱粉酵素預消化的食物則提供多出42％的能量，甚至連在這組中病況更為嚴重的孩童也能消化吸收。澱粉酵素組也比較能夠消化食物。在這些案例中，得知預消化食物可以幫助吸收更多能量，是一件非常重要的事。

浸泡與發芽：穀類和堅果類的正確食用方式

在家裡製作穀類、種子類和堅果類預消化食物，還可以用浸泡與發芽的方式（不妨到健康食品店問問這類書籍和資訊）。看來容易，裡面卻有一些必須注意的問題。例如，這些方式很花時間，不是每個人都可以為全家準備發芽食物，而把穀類種子浸泡一到三天，而且也要常常更換，以免同種食物吃太多而令人倒胃口。特別要注意的是，由於浸泡過程容易產生酸、微生物等污染，還可能發霉。因此要注意只用有機食物，製作地點還要徹底保持無菌。如果本來身體不舒服或覺得疲倦，這些準備工作會令人更操勞。

穀類、種子類和堅果類含有酵素、蛋白質、脂肪、荷爾蒙前驅物、礦物質等，但同時也含有酵素抑制物，這種化學物質會在預消化的浸泡與發芽過程中釋放出來，如果預消化過程不能恰當完成，抑制物就會留在食物裡（或浸泡液中），會影響接下來蛋白質或澱粉消化分解的作用。

由於酵素是一種活性很強的物質，大自然就設定了一個開關，除非環境適宜種子發芽或植物成長，否則酵素不會開始作用。抑制物可以使酵素休眠，直到種子被浸濕或是接觸到土壤，抑制物才會釋放，活化酵素，開始分解種子裡面蘊藏的脂肪、碳水化合物、蛋白質，提供發芽所需的養分。大自然為每一個種子都做了最完美的計畫，蛋白質含量高的，就有蛋白質抑制物；澱粉高就有澱粉抑制物；脂肪高的就有脂肪抑制物；三者皆高的，三種抑制物統統都含有。

我們人類吃錯穀類和堅果類，在於不應該在這些抑制物還沒有被釋放或是中和掉之前就吃下去，胰臟為了除去這些抑制物，必須要額外分泌更多酵素來進行消化，造成體內酵素過度消耗，使得血液和內分泌系統缺乏足夠酵素。實驗顯示，人類吃下抑制物，就會排出含有酵素的糞便，因此浪費了酵素。這是一把雙面刃，一方面身體不能利用這些在食物中含有的天然酵素，另一方面則會造成胰臟衰竭或過度運作。在加州柏克萊大學，山繆・列可夫斯基（Samuel Lepkovsky）和弗瑞德・古田（Fred Furuta）兩位學者在一項研究中探討這件事，他們餵雞隻食用含有酵素抑制物的生黃豆，結果雞隻停止生長，體重也不再增加。然而這些雞隻的胰臟竟然變成一般雞的兩倍重，分泌的酵素也顯著增加。

這種情形在一種稱為「澱粉阻斷物」的酵素抑制物也會發生，澱粉阻斷物會防止身體消化澱粉。我們攝取任何酵素抑制物，都會造成「人體酵素銀行」快速透支。因此，想用這種方式來干擾身體的功能，實為不智之舉。許多市面上販售的穀片和代餐都有這個問題，經過處理的食物沒有完全中和掉抑制物，在加熱過程中又摧毀了種子、堅果、穀物裡的酵素，這種缺乏營養卻含有抑制物的食物，當然不會抗老化，也不健康！

預消化穀類的實驗數據

人類的消化道經過長期的演化，發展出一套複雜而有效的機制，可以攝取各式各樣不同的食物，經消化釋放出最大的能量。人們研究出一套評估食物價值的卓越系統，可以從食物吃進嘴裡到進入小腸，了解這個複雜的消化過程。透過進行迴腸造口（將一部分大腸進行手術切除）的病人，我們可以分析他們的小腸內容物，以了解膳食內容的消化效率。從這些病人的研究，我們得到許多支持酵素協同作用的重要理論。

由於全麥和穀片含有植酸（phytate），因此難以消化。植酸存在於植物、種子、穀物、麩皮、豆莢裡面，是一種非營養成分的物質。植酸在人體內，會與鋅、鐵、鈣、鎂、銅等礦物質結合，並隨糞便排出體外，導致人體礦物質不足。還好植物天然就含有可以分解植酸的酵素，因此我們還是可以食用這些食物。

然而，如果將這些食物加熱到攝氏120度，植酸分解酶就會受破壞。研究顯示，如果迴腸造口病人吃下烹調加熱後的穀物，他們的小腸內容物就含有95％的植酸。相對於未經烹調加熱處理的穀物，植酸含量只有40％。這個結果顯示人體需要分泌植酸分解酶以幫助消化作用，才能將穀物的能量釋放出來。

就像這些病人所吃的烹調穀物，我們所吃的烹調飲食也有同樣的情形；酵素和營養素受到破壞，身體只好自立自強。我認為，這就是為何一般人常常感到疲倦、沒有精神的原因。

預消化食物促進人體蛋白質和脂肪的消化

預消化食物不只會自行分解，對於胰臟的內分泌、小腸pH值、分泌膽囊收縮素（cholecystokinin, CCK）等也有正面效應。膽囊收縮素是由小腸所分泌，作用是促進胰臟的分泌作用，使膽囊收縮（有助於脂肪消化）。如果這些作用受到影響，就會造成許多健康問題。

有個實驗研究預消化食物對於胰臟酵素和膽囊收縮素的分泌有何影響，實驗的對象是狗。研究者對狗隻餵食煮熟的肝臟，或是添加酵素預消化的肝臟，和未經預消化處理的肝臟，共三種餵食方式。經過三週，其間固定抽取血液和十二指腸液。結果發現，食用預消化的肝臟，比起食用未經預消化的肝臟，狗的胰臟分泌物會產生三倍的重碳酸鹽和蛋白質，而胺基酸的含量更是高達20倍。預消化的肝臟對膽囊收縮素也有相似的情形，食用預消化的肝臟，狗的血液中含有的膽囊收縮素是未經預消化的三倍。這個研究結果清楚告訴我們，預消化的蛋白質對於刺激胰臟和分泌膽囊收縮素具有正面效應。重碳酸鹽的增加對我們有很大的功效，它可調整pH值，提高胰臟酵素的活性。如果pH值失調，就會造成消化問題、脹氣、營養不良、蛋白質吸收不足以及過敏。

有腹腔疾病的人，膽囊收縮素和膽囊都不會對口腔進食或腸道裡的脂肪產生任何反應，而腸道裡的膽囊收縮素含量也會大為降低。人體產生膽囊收縮素的細胞是空腸黏液層（黏液細胞的細胞膜，位於小腸中段）。有六位腹腔疾病未處理的病人（年齡介於23到53歲之間），經過活組織切片檢查，顯示他們的空腸黏液層不正常，可能就是為何脂肪無法消化以及膽囊收縮素不分泌的原因。未經預消化的脂肪不會引起血液中膽囊收縮素數值的任何變化，但預消化後的脂肪卻會造成空腸黏液層的顯著變化，快速產生膽囊收縮素。預消化脂肪對膽囊的收縮，影響甚至更大，對於有腹腔疾病的人，或是難以消化脂肪的人，這個研究大有幫助。

預消化食物使蛋白質容易吸收

蛋白質是人體建造肌肉、血液、指甲、皮膚、器官、荷爾蒙和抗體等的重要基本物質，而胺基酸是建造蛋白質的基本物質。完整的蛋白質需要50個以上的胺基酸分子串連在一起。在消化作用中，蛋白質被分解成胜肽分子（由兩個以上的胺基酸分子組成），以及單一胺基酸分子。蛋白質的代謝過程會釋放能量，促使細胞內部作用的進行，如果我們沒有攝取適當的蛋白質，就可能產生各種健康問題，這些問題可能一本書都寫不完。因此，我們想知道，想要幫助蛋白質適當消化與吸收，應該如何達成？

如果長期攝取胺基酸分子補充品，就會導致蛋白質不平衡，因為胺基酸的分子在人體吸收時，不同種類的胺基酸分子會彼此競爭，因此並不會依照比例吸收。依照不同的攝取情形，人體比較容易吸收某些胺基酸分子，不容易吸收另一些胺基酸分子，某些胺基酸分子也比較容易進入血液中。相較之下，胜肽分子比胺基酸分子更具有生物可獲得性，比較容易被人體吸收。

在預消化全食物的一個實驗中，結果顯示，如果想要達成最適當的蛋白質消化效果，食物裡要有胜肽，也要有胺基酸。證據顯示，蛋白質經過消化，小腸會吸收胜肽和胺基酸，胜肽和胺基酸彼此會組成運輸系統，互相協助吸收。

在一個實驗中，使用木瓜酵素等蛋白酶，預消化酪蛋白（一種牛奶中的蛋白質），形成50％的胜肽和50％的胺基酸混合液。對照組是未經預消化的酪蛋白胺基酸百分百組成的混合液，不含有胜肽。

研究員將這種酪蛋白混合液在不同的時間，分別注入六位健康志願實驗者的空腸，觀察他們的消化情形。在未經預消化的胺基酸混合液中，發現胺基酸分子的吸收有不同的差異，例如甲硫胺酸有75％被吸收，白胺酸是51到59％，異白胺酸是50到59％，吸收的情形良好，然而蘇胺酸只有17％，組胺酸是16％，吸收的情形落差很大。

相較之下，經過預消化的酪蛋白混合液，裡面胺基酸分子被吸收的情形，差異則比較小。一些胺基酸分子在未經預消化混合液中難以吸收的情形，在已經預消化混合液裡面的差異並沒有那麼顯著。在預消化混合液中，有七種胺基酸的消化吸收情形都很好，包括：苯丙胺酸、丙胺酸、色胺酸、絲胺酸、天門冬醯胺、蘇胺酸、組胺酸。

與胺基酸混合液比較起來，蛋白質在預消化混合液中的吸收率，提高了29％，差距頗大。換句話說，就消化吸收效率而言，9克的預消化蛋白質，相當於27克的未經預消化蛋白質，因此，服用蛋白粉的人，可能不見得能達成預想的效果，而且胺基酸的吸收不平衡，會造成更多問題。

預消化食物裡面的胺基酸吸收效率更好，這個實驗結果告訴我們，想要蛋白質吸收良好，除了胺基酸還要有胜肽，對於消化吸收不良的人、成長中的兒童，還有尤其是運動員，預消化食物是比較好的選擇。相較於胺基酸混合液裡面的胺基酸吸收差異從71到16，預消化除了整體的吸收率提高，單一胺基酸的吸收情形也變得比較好。胜肽會把適當的胺基酸分子攜帶通過小腸壁，才能進入血液中。

在倫敦中米道塞克斯醫院（Central Middlesex Hospital）的一個研究調查，以木瓜酵素和胰臟蛋白質分解酶的混合液，將數種蛋白質食物做預消化，比較單一胺基酸混合液的吸收效果。蛋白質食物包含蛋白混合液，乳清蛋白混合液，還有酪蛋白、黃豆、乳清蛋白混合液，和肉類、黃豆、乳清蛋白混合液，共有四種。使用雙頭灌流管將這些蛋白液注入到19位年齡介於20到27歲志願者的空腸中。

在這所有19位受試者中，胺基酸分子混合液的吸收情形，視不同的胺基酸有不同的狀況，其中苯丙胺酸、蘇胺酸、麩胺酸的吸收率特別差，然而，在預消化全食物中則沒有這種狀況，胺基酸的吸收情形普遍都很快速，在酪蛋白、黃豆、乳清蛋白混合液中，有13種胺基酸的吸收速度，都比胺基酸分子混合液要快，而在肉類、黃豆、乳清蛋白混合液中，則有7種胺基酸的吸收速度較快。

綜觀而論，無論是否預消化混合液，其中所有的胺基酸吸收速率，都比都比胺基酸分子混合液要快。

不同胺基酸分子的吸收速率差異很大，這是因為胺基酸分子會互相競爭、排斥，同時也因為缺乏胜肽，無法與胺基酸結合，因此不能運送胺基酸分子通過小腸壁。在溶液中，胺基酸分子的動能、運動、吸收率，都會受到胜肽的調節而加速，胺基酸分子混合液裡面沒有胜肽，因此無此作用。

研究員金（Y.S. Kim）和博非（E.J. Brophy）認為哺乳動物的腸道含有蛋白酶，可以水解（分解）胜肽鏈，腸道水解酵素的存在，表示攝取經過預消化的蛋白質食物是最天然的，因為這種混合物裡含有胺基酸分子，也含有胜肽。

第四章

酵素、大腦與心理

酵素與免疫系統的關係

未消化的蛋白質、病毒、細菌、真菌、毒素，或細胞每天排出的廢物，當這些物質進入你的血液中，免疫細胞就會有所反應，這些物質稱為「抗原」。等到免疫系統辨認出這些物質，你的骨髓、脾臟、淋巴系統，會產生一種免疫球蛋白，稱為「抗體」」，每一種抗原都有不同的抗體。有一種特化的白血球細胞稱為「淋巴球」，淋巴球會釋放抗體，抗體會跟抗原結合，就像鑰匙與鎖或是兩隻手握在一起一樣。抗體纏住抗原以後，兩者結合形成「循環免疫複合體」（circulating immune complexes, CICs），這種CICs複合體會刺激一種清道夫免疫系統細胞「巨噬細胞」，引發毀滅、吞噬、清除外來物的作用。這就是解毒作用。

一般來說，人體會自動清除CICs，沒有後遺症，但有時這些CICs會出現極端變化，就會影響身體的各種作用，例如營養和荷爾蒙的吸收，體液的運輸等。在自體免疫疾病、發炎、心臟病、癌症中，都研究發現有 CICs 的存在，顯示過量的 CICs 會具有免疫抑制物的作用。這時，就需要酵素來解決這問題。胰臟酵素、蛋白酶、脂肪酶、澱粉酶、木瓜酵素等都可以分解 CICs，還可以抑制形成免疫複合物。

所有細胞的細胞膜上都有接受器，這些接受器的位置可以與荷爾蒙等物質連結，像船停靠碼頭一樣，連結之後這些物質就可以進入細胞。一個健康的細胞要進行正常的活動，接受器必須不能堵塞，但是CICs會堆積在細胞表面，把接受器擋住。蛋白酶已經證實可以改變這些複合體，讓細胞解脫束縛。也有研究顯示，口服某些酵素組合可以減少體內的 CICs。由此可見，酵素對於免疫系統具有調節和刺激的作用。

我要解釋一下何謂「調節」作用。有一種在身體內部的溝通作用，是透過一種稱為細胞激素的荷爾蒙的釋放與接收所進行。細胞激素有許多種類，以傳送不同訊息給細胞。例如當病毒入侵身體時，由於細胞激素會釋放這個訊息，藉由血液循環到全身，因此整個身體都會知道有病毒入侵。但如果細胞受到毒害或是接受器部位阻塞，訊息的接受就會不正確。蛋白酶已證實可以協助調節細胞激素的傳遞系統，在我們的身體裡，這個重要的酵素功能，可以與身體其他部位溝通聯絡，是健康產業一個極重要的議題。

在人體的免疫系統能力與酵素含量之間有一個關係，酵素量越多，免疫系統能力越強，我們就會越健康、越強壯。在我們進行消化等代謝作用時，或是發生急性疾病時，人體內的酵素活性已經證實會升高，然而，人體的免疫能力與酵素的關係究竟如何？

白血球的職責是在血液和淋巴液中摧毀外來的致病性物質。罹患急性病症或感染時，白血球的數量會增加，以對抗疾病。

諾貝爾獎得主威爾斯泰特博士（Dr. Willstatter）在早期的酵素研究中，發現在白血球中有八種不同的澱粉酶，白血球與胰臟之間有一種密切的酵素作用關係。根據調查研究，白血球所含有蛋白酶和脂肪酶，與胰臟所分泌的酵素很相似，結果導致當白血球在全身循環的時候，這兩種酵素會大量傳送給胰臟（同時也會傳送給其他的酵素分泌腺）。

這兩種來自白血球的酵素，與我們消化道中原有的消化酵素作用很類似，也會分解血液中未消化的蛋白質、脂肪和碳水化合物，如果這些物質沒有從血液中清除，就會造成問題。在人體內，酵素具有清道夫的作用，會封鎖外來物，把外來物轉化成身體可以排除的形式，因此也可以預防血管阻塞或關節僵硬等情形。

我們曾經以為胰臟是分泌所有酵素的器官，但是從上面的研究可以發現，這個想法是錯誤的。胰臟並不大，這麼小的器官不足以分泌全身肌肉、腺體、組織所需，也不夠應付消化作用所需，或者在汗液、尿液、糞便中所排出的量。原來人體所有器官、組織都會產生酵素。然而白血球的酵素與胰臟酵素最為相似，其中蛋白酶的作用幾乎一致。

出現急性病症時，人體酵素量會增加，而慢性疾病則會減少。例如在罹患糖尿病、癌症、慢性腸胃炎時，人體胰臟和消化道功能會變弱。如果有慢性疾病，免疫系統會出現過度消耗的情形，可見酵素與免疫系統的關係很明確，無論是慢性病或是急性病，酵素都會受到免疫系統的影響。

無論如何，我們的身體都會努力維持酵素的平衡，以維持活力和穩定，預防疾病。如果胰臟產生的酵素減少，整個身體都會受到影響。若出現疾病，身體會出動全部酵素去對抗，因此造成胰臟運作過度。而我們一生大部分吃的都是熟食，在罹患慢性病的過程中大多也都是吃熟食，由此可以想見身體的受損程度。

血糖與大腦

「樂由心生」但若我們覺得體內中毒、身體僵硬或血糖降低，如何能維持快樂的正面思考呢？我們的大腦需要大量的葡萄糖和氧，如果供應不足，就會造成注意力不集中、失眠、昏睡、暴躁以及神智不清。

當人體細胞缺乏酵素、氧和糖，會導致低血糖症。低血糖症是一種由於血糖過低所造成的疾病，血糖是人體組織的燃料，美國政府估計約有一千萬到一億的美國人患有低血糖症。

低血糖症源於人體的能量供給失調，會使所有器官都受到影響。血糖一旦下降，就會造成疲勞及身心問題。由於大腦要依靠葡萄糖，血糖降低，自然導致精神疲憊及沮喪。

血糖的高低特別由內分泌腺中的腦下垂體、腎上腺、甲狀腺和胰臟所控制，控制機制如下：

- 胰臟會分泌胰島素，讓血糖降低，因為胰島素會加速葡萄糖（血糖）離開血液的作用，使血糖進入細胞。胰島素還會刺激肝臟和肌肉細胞將葡萄糖轉變成肝醣，是糖在人體內的主要儲存形式。
- 腎上腺分泌的腎上腺素，會將肝醣分解成葡萄糖，葡萄糖進入血液，使得血糖上升。
- 同時，甲狀腺會分泌荷爾蒙，會控制人體利用氧氣的速度，就像荷爾蒙會提高碳水化合物釋出能量的速率一樣。
- 所有的內分泌腺都由腦下垂體控制，腦下垂體又受到大腦的下視丘（Hypothalamus）所控制。我們的身體會將所接受到的所有訊息，透過神經系統傳遞給下視丘，包括人的情緒狀態、體溫、血液中營養素濃度等許多不同的狀況。內分泌系統和神經系統的作用也會互相協調。

科學研究已經證實，腦下垂體和其他腺體會變大，並過度運作，造成酵素不足時，很容易感染疾病。若血液中缺乏澱粉酶，血糖會過高。只要補充澱粉酶，血糖就會降低。在葛貝勒（Deichmann-Grubler）和麥爾斯（Myers）的實驗中，發現正常人服用八十公克的葡萄糖後，再給予澱粉酶粉末，他們的血糖值不會提高。

報導指出，糖尿病患經由口服或靜脈注射澱粉酶，血糖值會降低。在一項實驗中，有84％的糖尿病人有腸道分泌澱粉酶不足的情形，在給予大多數病人澱粉酶粉末之後，有50％原來依賴胰島素的病患，不必再靠胰島素控制血糖。可見澱粉酶似乎有助於血液中糖分的儲存及利用。

食用澱粉酶和其他酵素受到烹調破壞的食物，對血糖有極大的影響。喬治華盛頓大學附屬醫院曾研究生澱粉和熟澱粉的影響，結果如103頁圖所示，拿五十公克的生澱粉給第一組病人吃，半小時後，每一百CC的血液中，血糖值平均上升一毫克；一小時後，血糖值降低一・二毫克；兩小時後，血糖值下降達三毫克。另一組病人則吃五十公克的熟澱粉，半小時後，血糖值平均上升五十六毫克；一小時後，下降五十一毫克；兩小時後，降低十一毫克。

請注意食用生澱粉和熟澱粉，對血糖值的不同影響。食用熟澱粉半小時後，血糖值上升五十六毫克，而食用生澱粉只上升一毫克；食用熟澱粉兩小時後，血糖值下降十一毫克，兩者血糖值的落差有四十五毫克，

生澱粉、熟澱粉與血糖

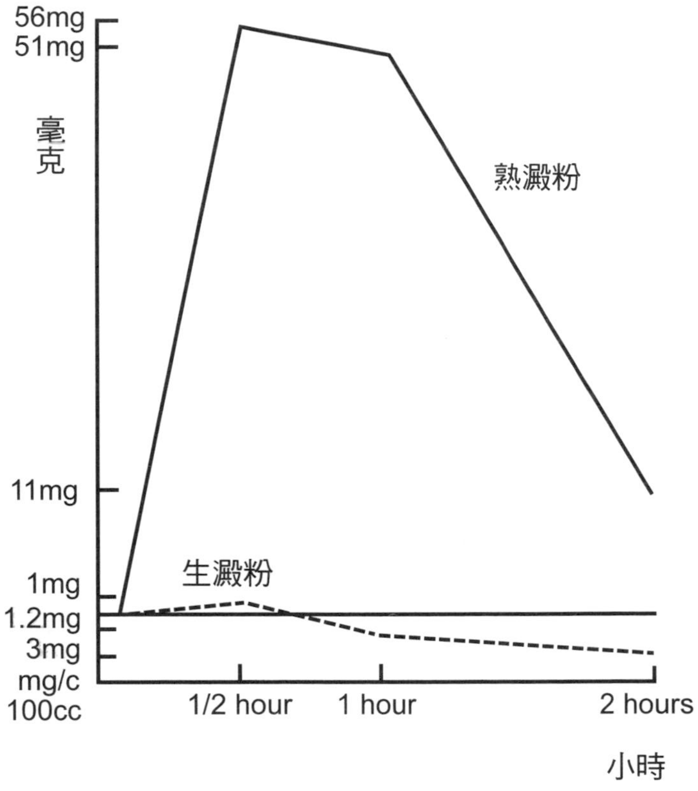
56mg
51mg
毫克
熟澱粉
11mg
生澱粉
1mg
1.2mg
3mg
mg/c
100cc
1/2 hour
1 hour
2 hours
小時

因而導致了疲倦、焦慮和其他症狀。相較之下，食用生澱粉兩小時後，血糖值的變化很小，由一毫克降至三毫克，生澱粉組具有較穩定的新陳代謝率，情緒起伏也較小。

內分泌腺需要適當的飲食或補充品，攝取礦物質及維生素，來維持正常的運作，例如：甲狀腺需要碘，腎上腺需要維生素C。現在你已經知道，過度烹煮的食物不僅缺少酵素，養分也會流失，這些營養缺失經常造成問題。

人的腺體是受到大腦的刺激而分泌荷爾蒙，當血糖低於正常值，胰臟和腎上腺會立即分泌荷爾蒙，此時若血液中的養分不足以供應內分泌腺的需求，下視丘便會刺激食慾，產生飢餓感。我們所吃的熟食越多，荷爾蒙所受的刺激也越多，導致暴飲暴食，進而造成體重過重及肥胖，接踵而來的還有心臟病、高血壓等諸多疾病。在這個過程中，血糖值忽升忽降，會讓人情緒焦躁與憂鬱起伏過大，造成心理失去平衡。由於內分泌腺分泌不足，為了恢復正常而過度運作，結果導致器官衰竭，這種狀態會造成人的身體與心理兩者都出現問題，造成疾病。

酵素與心理健康

酵素和其他各種基本營養成分一樣，對我們的身心健康同等重要，但是卻沒有受到足夠的重視。我們通常把頭腦視為與身體不同，但也同樣需要營養才能生存並適當運作。腦部有超過六十種神經傳遞物，消化酵素和營養補充，有助於減緩焦慮、恐慌與社交焦慮症。

舉個例子來說，有一種胺基酸稱為色胺酸，色胺酸可以增加腦部的血清素含量。血清素是一種神經傳遞物，具有放鬆心情的效果，因此可以釋放焦慮、恐慌和沮喪。晚上大腦會釋放血清素，讓你一夜好眠。我曾經檢查過自己血液裡的胺基酸，結果發現色胺酸含量過低，真是令人不敢相信，所以就趕快開始吃色胺酸，吃了幾個月，色胺酸含量恢復正常，後來我的睡眠品質變得很好，從前害怕飛行的恐慌也消失了。（想進一步獲得關於胺基酸荷爾蒙和神經傳遞物的資訊，可以參照我另一本書《重獲新生的健康與療癒：你的專門指導》*Your Personal Guide to Transformational Health and Healing.*）

在這一節我想要講的重點是，若沒有良好的消化作用和適當的酵素組合，就會產生心理疾病；許多心理疾病都是由於營養不良而造成的。

另一個例子是關於低血糖，如前所述，低血糖是由於血液裡缺乏澱粉酶所致，基本上，缺乏澱粉酶是造成所有低血糖的原因。血糖在血液中會形成三酸甘油脂，過多三酸甘油脂會造成血管阻塞，或稱為「血官栓塞」，但是由於血液變濃，又會造成血液循環不良，導致血液中荷爾蒙和營養素減少。所有的問題都源自於消化不良。在魏巴克醫師（Dr. Melvyn Werbach）的著作《營養對疾病的影響：臨床研究參考書》（*Nutritional Influences on Illness: A Sourcebook of Clinical Research*）中表示，「大家都知道，一些營養缺乏的情形會造成精神分裂症和精神障礙」。（關於這個部分還有幾本參考書：*Brainfitness* by Dr. Goldman, *Your Miracle Brain* by Jean Carper, *Healing the Mind* Way by Pat Lazarus 都值得好好閱讀，對您必定有幫助。）

心理健康的營養建議

我在為心理健康所設計的配方中，以消化酵素為營養補充品的基本架構，搭配完整的胺基酸補充品，例如全食物飲品或是 Juice Plus+® 等補充品，再加入基本的 omega 3, 6, 9 脂肪酸。你不妨事先諮詢一位優良的營養治療師，看看自己是否有營養不足的情形，注意，酵素補充品要是植物性的，而且要完整包含四大類消化酵素：脂肪酶、澱粉酶、蛋白酶、纖維素酶。

如果我們不能有條有理地思考，就不能站在巔峰、俯瞰週遭的世界，匱乏的腦，就有匱乏的心靈。不過這只是我的感嘆，希望大家都能健健康康，心理也健康。

第五章

老化與長壽

賀威爾醫師認為，「酵素是衡量活力的真正指標，酵素更是評估生命活力的重要方法。我們所謂的能量、生命活力、神經能量、體力，都與酵素活性息息相關」。

人體組織的建造與分解都是由酵素來進行的。換句話說，酵素活性可以維持你的新陳代謝，並且決定代謝速率，代謝速率越高，就需要越多酵素，酵素的消耗量也越大。當你的酵素量變低，代謝速率自然跟著下降，連帶著能量也會降低。不過可別誤會，我並不是說酵素就是生命的源頭，只是人體的酵素含量與能量、活力有非常密切的關係。

在多倫多大學，有一組科學家發現生命和酵素分解速率（catabolic rate）呈正相關。酵素分解速率是指人體或組織消耗能量的速率，與老化相關。你知道，人體組織的分解是由酵素進行，因此，能量分解速率越快，酵素消耗也越多。我們的酵素儲存量可以很快的被用盡，不過還好人體可以另外儲存酵素，所以食用酵素補充品，多吃生食，都可以增加酵素儲存量，對於我們的身體能量有幫助。

為何會老化？

關於老化有許多理論，有遺傳學的理論，也有老化過程中DNA和人體組織如何變化的各種說法。不過這些理論都有一個很大的問題，當我們測量組織變化時，是研究變化的結果，而不是變化的原因。如果器官、組織、細胞正發生某種傾向的變化，造成的原因是什麼？原因總是發生在結果之前，而變化不是原因，需要更深入地探索。

前面曾經討論過，當我們越來越老，對酵素的消耗也越來越大。一般疾病都會對身體產生某種創傷或傷害，結果產生發炎症狀，此時如果酵素不足，免疫系統就無法解除發炎，沒有足夠的蛋白酶，就無法清除發炎組織的血栓和纖維蛋白。我們要先解除對於身體的傷害（結果），然後才能使用酵素來減緩發炎反應（原因）。

預防是最好的治療。想要預防，我們必須學會如何避免環境與食物的侵害，以免使我們的免疫力受損，或是提早引起老化。要延緩老化，你可以主動做的第一件事就是注意保存身體的酵素。

老化速度以秒計算

在你的身體裡面的每個分子，在外層的電子軌道都有一對電子對，這些電子對使分子保持平衡，並依照自然特性以特殊的方式運作。如果有分子因為某種原因獲得或失去電子對，就會失去平衡，變得很不穩定，成為自由基。未配對的電子會去找其他電子來配對，因此這些活躍的自由基會去攻擊其他分子，傷害身體組織，例如從細胞膜上的分子搶奪電子，造成細胞衰弱，就是自由基所造成的主要傷害。

人體各部位都會產生自由基，由於自由基非常活躍，過量會造成細胞傷害的速度遠大於修補的速度，使得組織壞死甚至器官壞死。化學污染、情緒壓力、運動、陽光、抽菸、輻射、藥物等都會產生過量自由基，除了這些外來的特殊因素，其實我們的身體也會自然產生自由基。一個成年人的身體一年在休息狀態可以產生約1.8公斤的自由基，如果暴露在抽菸等環境毒物中，或是經常運動，一年所產生的自由基可多達9公斤。

有一種在自然情況下出現的自由基，是來自正常細胞代謝過程，由於粒線體產生能量所產生。粒線體就好像是細胞裡的小型發電機，會將氧氣與食物裡的營養成份如蛋白質、碳水化合物、脂肪結合，轉換成能量，也就是ATP分子。在這樣的氧化過程中，就會產生自由基，最常見的包括超氧化物（superoxide）、氫氧基（hydroxyl）、過氧化氫（hydrogen peroxide），都會造成身體傷害。再加上如果身體暴露在抽菸、藥物等化學物質中，會產生更多自由基，加重身體傷害。

自由基原本的作用是將電子轉換到另一個分子或原子，或是從其他分子或原子上面獲得電子，因此使化學物質趨於穩定。但是，由於在轉換和獲得電子的過程中，會產生另一個不穩定的自由基，因此會發生一連串轉換和獲得電子的連鎖反應，結果反而造成身體的傷害。這種連鎖反應使得一個自由基會造成26個多元不飽和脂肪分子失去動量，而破壞細胞膜和血液中的不飽和脂肪，是自由基對人體的最大傷害。

老化組織的交聯結構

在人體組織中，自由基所造成的傷害稱為「交聯」（cross-linkage），這種交聯的化學結構特別是發生在胺基酸與蛋白質分子之間，如果交聯不正常就會發生老化。交聯從外表看來是皮膚失去彈性、產生皺紋、硬化、下垂，酵素活性降低，交聯變多，皮膚會形成老人斑（lipofuscin 脂褐質）和痘痘。

我們的皮膚有八成的結締組織，提供彈力和張力，結締組織的巨大蛋白質分子鏈，連結全身的皮膚，就像彈跳床的網子或是小提琴的琴弦一樣，這些蛋白鏈不會糾纏在一起，但是如果發生交聯的情形，就不能正常伸展或振動。

許多問題都可能造成交聯，如自由基、曬太陽過久、飲食不調、殺蟲劑、輻射、尼古丁等，我們基因裡的 DNA 和 RNA 有時也會受到傷害而發生交聯。所以我們可以想像老化是什麼，其實老化就是人體裡所有的蛋白質分子發生交聯的變化，造成組織的功能障礙，阻擾血液循環、營養和荷爾蒙的傳遞（因此即使補充荷爾蒙或維生素，也會因為無法到達目的組織，一點用也沒有）。

在117頁圖中顯示一般正常的膠原蛋白結構，以及發生交聯的膠原蛋白結構，可以看見膠原蛋白是由三個胺基酸鏈所組成，在年輕的時候交聯還不明顯，只產生少量（如上圖），但隨著年齡增加，交聯變多（如下圖），造成結締組織缺乏彈性。

酵素及抗氧化物可抗老化

別難過，其實你的身體有天然機制可以對抗自由基，也就是「抗氧化物」。你的身體會產生抗氧化物的酵素，包括超氧化物歧化酶（Superoxide dismutase, SOD）、過氧化氫酶（catalase）、麩胱甘肽過氧化物酶（Glutathione Peroxidase, GSHPx）等。酵素與結締組織連結以後，可以切斷交聯，促進循環，這些酵素也可以中和自由基，使自由基失去毒性，

膠原蛋白形成交聯結構

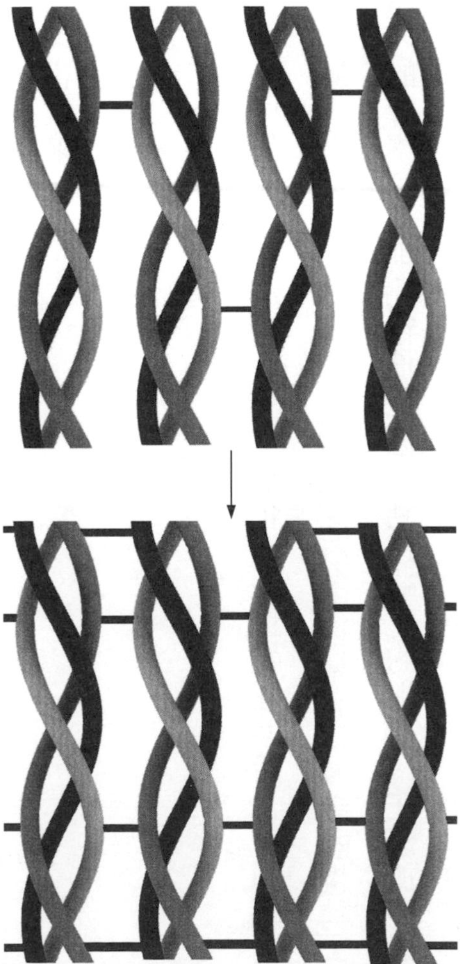

因此，為了防止老化，除了酵素以外，我們還可以補充一些抗氧化物如維生素A、C、E，礦物質鋅、硒，木瓜酵素、鳳梨酵素等蛋白酶，以及Juice Plus+®。只是要注意，抗氧化物補充法，還是最推薦你在飲食中大量攝取水果和蔬菜。

酵素與長壽

研究人類不同族群的血液、尿液、消化液，比較裡面所含有的酵素之後，有了一個重要發現：年輕人體內組織的酵素存量有比較高的趨勢，而年長者體內的酵素存量則比較低，甚至到達缺乏的程度。在芝加哥麥可瑞斯醫院作過一個實驗，把年輕人（21到31歲）和年長者（69到100歲）的唾液澱粉酶含量比較之後，發現年輕族群唾液中的澱粉酶含量，是年長族群的30倍。

吃熟食的時候，年輕人體內的器官和體液所分泌的酵素量較多，而年長者較少，這是因為年長者多年的熟食習慣，造成原本體內酵素漸少，而年輕人的酵素量還沒有衰退的原故。由於酵素量較多，因此年輕人比較能承受吃白麵包、澱粉、精緻熟食的後果。然而酵素量會隨著時間而減少，同樣的飲食習慣會漸漸造成便秘、血液疾病、漏尿、脹氣、關節炎。對於年長者來說，由於酵素量已經耗盡，再也不能好好消化這類食物，因此會在腸道中發酵，產生毒素，毒素被身體吸收進入血液，然後堆積在關節和身體其他組織中。

在慢性疾病中，可發現酵素量在血液、尿液、糞便、組織中的含量都降低，而在急性疾病中（有時亦發生在慢性疾病初期），酵素量經常升高。這顯示身體的酵素儲存量還沒有變低，因此有足夠酵素可以參與對抗疾病的戰爭。然而隨著疾病的進程，身體的酵素量卻變得越來越低。

由於慢性病和老化都會減少酵素量，因此常常被混淆。因老化而酵素量減少，通常視為正常，但慢性病的酵素量減少則視為不正常的病態。但事實上，年齡並不會造成酵素量短少，而是因為身體組織的健全慢慢喪失了。身體組織中的細胞都需要足夠的酵素來進行新陳代謝作用，因此一個人體內所含的酵素量與所能產生的能量有絕對的關係。由於年齡的增加造成酵素分泌減少，就會使新陳代謝速率下降，最壞結果是死亡。

食物和蛋白質攝取過量的危害

美國布朗大學曾作過實驗，發現158隻過量給食的動物，平均存活為29.6天，而減量飲食的對照組動物則可活39.19天，少吃的結果竟然使壽命延長40％。接下來本章最後一節我們要來探討人們的飲食量，看看是否有消化過量的問題。

高蛋白質飲食其實對身體是很刺激的，可能會造成嚴重後果。蛋白質需要肝臟和腎臟的酵素來分解，因此如果飲食裡的蛋白質比我們所需要的還多，在分解蛋白質時會產生更多尿素。尿素是一種利尿劑，會促使腎臟產生更多尿液，而尿液會排出身體的鈣質。一個實驗中志願參加者每天要消耗75克蛋白質，同時也攝取1400毫克的高鈣飲食，但是鈣質卻比平常透過尿液流失得更嚴重。人體攝取鈣質不足時，就會從骨頭的鈣質儲存裡面取出，長此以往會造成骨質缺乏礦物質，最終會造成骨質疏鬆症。

前面提過，當我們吃下過量蛋白質或過量飲食，連帶會造成酵素、維生素、礦物質含量的減少。此外，當我們喝下咖啡或吃下一些具有刺激性的食物，人體的新陳代謝速率就會被迫增加，造成酵素消耗過度，產生不必要的過多能量。這時或許你會有錯覺，覺得自己很健康，但結果反而使能量下降，酵素快速缺乏，甚至會提早老化。

第六章

發炎、疾病與過敏

在生命運作過程中，酵素、循環系統、神經系統、內分泌系統與消化系統是各自獨立的系統，卻又互相緊密相關。疾病很少只與一兩個器官有關，通常都是會影響全身。在自然療法中，所有的疾病都被視為是系統性的問題，與全身所有的作用都有關。因此，如果你想要得到正面的結果，就要用正面的方式來對待你的身體。

如果你吃熟食或是含有人工化合物的食物，身體的酵素、礦物質、維生素、胺基酸含量都會跟著下降，這種營養不足的情形會造成不良後果。我們的營養慢慢流失，身體就會隨之虛弱。首先，我們會感到身體疲倦，最後導致身體不舒服，這就是疾病出現的變化過程。但許多醫師遇見病人有身體不適的情形時，都會倒果為因，將結果歸咎於疾病，認為疾病是造成身體不適的原因。

慢性疾病的形成，往往需要數年的時間，我們的身體不適，有三分之一都是由於不恰當的營養攝取。經過近幾年來研究突破性地變換，醫師和輿論都瞭解到，我們的疾病與治療，與我們餵身體什麼飲食，具有絕對的關係，因此，酵素自然也具有絕對的重要性。假使有一種疾病是由於缺乏酵素所致，那麼就可以藉由補充營養品或適當飲食來預防或治療。由於我們每天都要消耗酵素，因此可以用這些方式來補充。

認識發炎反應

渥夫醫師和羅斯柏格醫師認為，「由於發炎反應的多種形式，可見發炎是病理過程的一般性和基本性的反應」。如果你了解發炎反應，並且學會用酵素和營養物來控制，幾乎就可以駕馭任何疾病。從小感冒到癌症，所有疾病過程中都會出現發炎反應。發炎是一種外顯的表現，像是尿道感染、麻疹、曬傷、肝炎、燒燙傷、關節炎、過敏、心臟病、病毒感染等，雖然症狀部位不同，但身體的生化性發炎反應卻是相似的。

發炎的「炎」字意思就是指身體受傷、受損的狀況，面對可能的化學性的（毒素）、物理性的、微生物的、外來物質等傷害，身體所作出的立即反應就是發炎。發炎有三個階段，分為反應期、修補期、恢復期。在每個階段都可以用飲食、藥草、酵素與藥物來幫助身體運作，（我的另一本書《藥草自然療法》Natural Healing with Herbs 介紹排毒、重建與補氣等自然療法）例如你可能聽過可以用紫錐花萃取物或維生素C來紓解發炎。在這一節中，我要把焦點放在酵素如何紓解發炎症狀。

當身體受到損傷或傷害時，反應期開始，表示身體想要防止傷害擴散，這時身體會鎖定某個部位，想要把病灶區隔開來，以期儘快恢復正常的生理代謝功能。隨之而來會出現發熱、發紅、疼痛、腫脹等二級症狀，這些訊息表示身體開始有變化。如果使用類固醇或非類固醇藥物，就會干擾這個身體自動恢復的過程。

接下來，白血球聚集在病灶，細胞和小血管會開始排出受傷部位的液體。白血球會將病菌或受損組織吞食，還會在組織附近形成一道類似蛋白質的網子，以防止發炎擴散，就好像把受傷部位圍上一道牆，在圍牆裡面進行修補。

白血球細胞使用血栓物質（半固體膠狀物）把發炎部位封住，阻擋毒素散布。血栓物質包括一種不溶於水的長條狀纖維蛋白，而纖維蛋白是由血蛋白中的纖維蛋白原所組成。疼痛、紅腫等症狀就是由於組織發生急性發炎反應，纖維蛋白會快速與循環系統發生反應所致。

在修補期間，身體的反應是一把雙刃劍，為了要治療發炎部位，就必須進行管制。但是管制則必定會減緩血液循環，血液循環要恢復，身體才會恢復正常。但如果我們不仔細處理身體的需求，這種局部發炎就會變成慢性發炎，漸漸發展成疾病，例如纖維肌痛（Fibromyalgia）和關節炎就是如此。

蛋白酶與發炎

你已經知道蛋白酶會分解蛋白質。在消化作用中，蛋白酶會分解食物中的蛋白質。在發炎反應中，蛋白酶會在病灶處發揮驚人的活性。纖維蛋白形成時，由淋巴球所分泌的蛋白酶，會將纖維蛋白分解為較小的胺基酸，以免局部的血栓過多，不利於康復，可見蛋白酶可以與纖維蛋白的功能保持平衡。

現在你可以看見身體有多麼聰明，在發炎反應中，創造和破壞的功能同時進行，直到組織恢復正常，血液循環恢復平衡。基本上，發炎的三階段：反應期、修補期、恢復期三者是同時發生的，只是依照不同的進程，主要進行其中某一個時期。而在所有三個時期都有蛋白酶的分泌。

在發炎階段，我們可以口服木瓜酵素、胰蛋白酵素與鳳梨酵素。如果能預先服用這些酵素，纖維蛋白的累積就不會過度，因而可以促進癒合速度。在所有的炎症疾病中，幾乎都可以使用這些酵素及其他蛋白酶。例如運動員可以在運動之前就服用這些酵素，以減少身體損傷和發炎的情形（我自己在運動前便會先服用）。也可以在感冒、發燒與流感初期服用。這真是個幫助身體健康的好方法！

發炎的測試與自然對策

有一種測量發炎的方法，就是尋找體內的C反應蛋白（C-reative protein, CRP），當發炎反應出現，肝臟裡的細胞激素（Cytokine）會產生這種C反應蛋白，如果C反應蛋白太多，會增加動脈粥狀硬化和不正常血栓的風險。血液裡的斑塊會阻塞冠狀動脈血流，造成心臟病。研究顯示，若C反應蛋白量較高，罹患心肌梗塞的風險就變成三倍。補充 DHEA、維生素E、維生素K、魚油與蕁麻葉萃取物，可以降低體內的C反應蛋白。

由於纖維蛋白原會凝結形成纖維蛋白，對於人體組織癒合有幫助。但纖維蛋白也會使血液變濃稠，增進血小板的凝集作用，因此反而會增加心臟病的風險。我們需要足夠的纖維蛋白原來幫助身體癒合，但是沒想到過多反而會造成另一個問題。這時又是蛋白酶可以發揮作用的地方，它可使纖維蛋白原溶解。阿斯匹靈、綠茶、銀杏、維生素E與大蒜都有助於稀釋血液，預防不必要的血栓。

生病時的酵素量變化

如果發現體內有一些酵素含量過高，可能表示有潛在的疾病。例如，正常胰臟會分泌大量的脂肪消化分解酶，稱為脂肪酶，然後從血液輸送到消化道裡。除非胰臟發炎，血清中才會含有大量脂肪酶，因此如果血液中的脂肪酶含量升高，表示患有胰臟疾病。另一個例子，分解血液中磷酸的酸性磷酸酶（acid phosphatase），存在於前列腺、紅血球細胞與血小板中，這幾處可以用來檢查血清中的酵素含量，已尋找是否可能罹患前列腺癌（惡性腫瘤）。

在急性疾病中（以及運動過程），身體對酵素的需求會增加。一九三三年簡納博士（Dr. Gerner）研究115位患有28種不同急性感染病患，測量出300種澱粉酶含量，發現在尿液中的澱粉酶增加了73%。在肺炎、闌尾炎、瘧疾、肺結核、發燒與兒童急性病症中，血液、尿液與糞便中的酵素量都會增加。

在發燒、心臟運作、消化、肌肉運動與懷孕等情況，由於新陳代謝提升，因此會造成酵素需求量也隨之增加。在大部分的急性疾病和運動過程中，由於體溫增加，酵素活性也會跟著變大。在體溫攝氏40度時，酵素的作用比正常體溫要增加。因為酵素的作用會反應發燒感染的情況，這就證明酵素與我們的防禦機制有直接的關係。因此，當體溫恢復正常，酵素的活性也會降低。

長期的慢性疾病，無論是幾周、幾月、甚至幾年，都會造成身體的維生素和礦物質減少。在慢性病的罹患過程，通常身體的酵素儲存量也會減少。在一項對111位肺結核病患所做的調查中，有82位病患的酵素量比正常人少。如果肺結核病況加重，酵素量還會更加減少。魏樂定醫師（Dr. Volodin）調查糖尿病患，發現尿液、血液與小腸裡的酵素量有減少的趨勢，而六分之五的病人還出現胰脂肪酶和胰蛋白酶減少的情形，在他們的糞便中肉類和脂肪普遍消化不完全。在皮膚問題如：牛皮癬、皮膚炎與搔癢症的病例中，歐騰史坦醫師（Dr. Ottenstein）發現有低澱粉酶的情形。另一個有趣的例子是，在40位患有肝病的病人中，例如肝硬化、肝炎與膽囊炎的患者，同樣也有血液中澱粉酶量較少的情形。若澱粉酶量回升，表示病人的健康狀況和肝臟狀況也改善了。

綜合來說，這些證據顯示：在患病、排毒與消化過程中（代謝速率增加時），酵素的消耗量會增加，因此維持酵素量是一件很重要的事。

賀威爾醫師認為，「當我們吃不含酵素的熟食，為了消化，身體被迫要製造更多酵素，結果造成身體的酵素儲備量不足。這種從身體其他部分擷取酵素的情形，造成器官組織之間在爭奪酵素，因而使得代謝作用混亂，可能就是造成癌症、心臟病與糖尿病等不治之症的原因」。

所有發炎的症狀都有相似的歷程，因此預防發炎的配方是基本通用的，然後你可以在基本配方裡面再添加符合個人需求的藥草、營養補充品與藥物等等。我建議你可以諮詢專業的治療師或營養師來尋求協助。（我有另一本英文著作《前代謝作用：轉化健康與治療，你的個人指導》〔ProMetabolics: Your Personal Guide to Transformational Health and Healing〕可以幫助讀者自行監控自己在什麼健康狀況下該怎麼吃，知道該如何協助自己的身體。）

血液循環與心臟病的發炎與交聯

發炎會出現在血液循環與心臟病中。在一九九七年，一個包括二萬二千名受試者的大型研究顯示，抑制發炎反應的阿斯匹靈可以降低中風和心臟疾病的風險。只可惜無論服用的是否為可以保護腸胃的膜衣錠型阿斯匹靈，都會造成腸胃道的併發症，包括微出血、潰瘍與腸胃道微生物族群失衡。雖然如此，這個研究卻可以告訴我們，發炎症狀的抑制，是維持心血管健康的核心。

動脈漸漸封閉，結果會造成死亡，像是中風、動脈硬化、循環器官疾病與血栓等都是類似的病症。我們已知蛋白酶可以控制血液裡的纖維蛋白量，因而可以影響免疫反應。可見我們的生活型態除了可以改變老化和疾病進程，還可以改善心血管疾病。

美國威斯康辛州麥迪遜研究中心的畢佐斯坦醫師（Dr. Johan Bjorksten）曾研究過血管裡的交聯結構。血管內壁（內膜）是暴露在血液循環中的交聯分子之下，如果缺乏足夠酵素來分解這些交聯結構，交聯結構會使得動脈漸漸失去彈性，於是血管壁變得堅硬、脆弱及有滲透性，血漿會滲出血管。這時免疫系統會出動來修補血管裂縫，免疫細胞堆積，膠原蛋白形成，結果阻礙血液流動。血管內壁越積越厚，越會造成血管阻塞。

有益心血管系統的酵素

有足夠的醫學證據支持，服用酵素有助於心血管循環的健康，包括靜脈炎、水腫與靜脈曲張等會影響心臟、肺臟、腎臟與肝臟的症狀。現在我們終於有了抗發炎的安全工具，一種德國製造含多樣酵素的產品「動力寶」（Wobenzym®）已受到證實可以大幅降低血流中的C反應蛋白。

當然，除了降低C反應蛋白之外，酵素還有許多功能。由於可以分解膠原蛋白原，酵素因此幫助解除血栓和發炎症狀，因此可以促進血液循環。在沃謝瓦博士（Dr. Valls-Serra）的一項研究中，讓245位病人服用酵素後，發現酵素可以有效降低血栓，紓解血栓性靜脈炎。

如果服用酵素是具有治療目的，你會希望酵素可以直接被吸受進入血液，所以要在兩餐之間服用，這樣酵素才不會被消耗在消化過程。如果你有心血管或循環系統問題，可以特別注意脂肪酶這種酵素。脂肪酶會將脂肪（例如三酸甘油脂）水解成為小分子的單酸甘油脂和脂肪酸，同時也有助於將體內儲存的脂肪燃燒產生能量。脂肪酶在酪梨、橄欖、種子、堅果與生奶油中大量含有（一般富含油脂類的天然食物都有），在一些水果如櫻桃、香蕉與無花果裡面也含有不少。因此，在兩餐之間你也可以補充一些脂肪酶來幫助脂肪分解，以免過多脂肪堆積在人體，會造成血液阻塞的問題。

脂肪酶、心血管疾病與肥胖

酵素的缺乏，尤其是脂肪酶的缺乏，可能會引起心血管疾病與高血壓等血管問題。如果缺乏脂肪酶發生在身體某些部位，還可能引發肥胖。已有報告證實，肥胖患者在脂肪組織的脂肪酶含量較少。高登博士（Dr. David Galton）在美國塔夫斯大學（Tufts University）醫學系研究11位體重介於104到109公斤的成人，發現他們的脂肪組織中都有酵素缺乏的情形，甚至有些人的脂肪瘤裡面也缺乏脂肪酶。通常動物的組織內都會含有許多脂肪酶，為什麼他們會缺乏脂肪酶呢？

許多實驗顯示，當食物煮熟以後，脂肪酶就會消失，例如一些高卡路里的食物如肉類與馬鈴薯等。但是這些食物在未烹調之前原本含有許多脂肪酶，經過烹煮處理之後，裡面所含的酵素就會幾乎流失殆盡。沒有脂肪酶發揮作用，卡路里攝取過量之後，就會堆積在人體中形成脂肪，堆積在肝臟、腎臟、動脈與微血管裡。

缺乏酵素的食物，會造成身體的負擔，除了會增加體重，還會使器官產生變化，例如，經過加熱處理的精緻食物，由於極度缺乏酵素，會造成腦下垂體的尺寸和作用發生大幅變化。相對地，如果以手術方式將動物體內的分泌腺體切除，也會導致血液中酵素量改變。酵素會影響產生荷爾蒙的腺體，荷爾蒙又會反過來影響酵素的分泌。

熟食型態的飲食方式，會使胰臟和腦下垂體因過度作用而衰竭，同時也會使甲狀腺衰竭，於是使得身體反應變得遲鈍，於是體重便會增加。而生食中的卡路里相對比較不刺激，反而可以幫助身體維持體重。例如，豬農都知道，餵豬吃生馬鈴薯，豬比較不會發胖，所以他們會把馬鈴薯煮熟才餵豬吃，這樣才能催肥，可以賣更高的價錢。想一想，市場裡販賣的肉食都是這樣生產來的，含有高脂肪和低酵素，煮熟以後酵素又更低，這種飽和脂肪使得我們難以消化，於是就堆積在身體的動脈中。

如果沒有經過脂肪酶適當的分解，吃進去的脂肪就會以不良的方式吸收，最後會跑到血管和動脈裡，造成動脈硬化、高血壓與高膽固醇等症狀。在血管中，脂肪會沈澱在血管裡，阻塞血流，使血液不容易回到心臟，這樣一來，心臟就會擴張。這些問題都是由下面這些成分所造成的：

・飽和脂肪。（部分來自於所吃的動物產品）

・氫化脂肪。

・多元不飽和脂肪。

我們都知道，多元不飽和脂肪會降低膽固醇，事實的確如此，但多元不飽和脂肪的作用有如藥物。如《麥克道格計畫》（The McDougall Plan）一書所表示：「多元不飽和植物油可能會造成健康危害，人們吃下以後，這些多元不飽和脂肪會像藥物一樣降低膽固醇，使得身體所儲存的大量膽固醇透過肝臟釋放到膽囊，再進入結腸。在結腸裡，過量的膽固醇是導致結腸癌發生的原因之一」。（在實驗中，餵食含有大量膽固醇和多元不飽和脂肪的大鼠，比起餵食大量膽固醇和飽和脂肪的對照組，有更多的結腸癌發生。）

我們在前面學過，年輕人血液和組織中的酵素量比年長者為高，柏克博士和梅爾博士（「Dr. Berker and Meyers」）曾作過實驗，找來一群77歲的人，他們血液裡脂肪酶的含量只有27歲年輕人的一半。結果發現，缺乏脂肪酶的人，會出現動脈硬化、高血壓與脂肪吸收速率慢等症狀。史丹佛大學的研究學者所做的研究有相似的結果，動脈硬化的病人有脂肪酶不足的情形，而且動脈硬化的情形越嚴重，脂肪酶的含量就越少。還有另一個實驗證明血液中缺乏酵素的動脈硬化症病患，也有消化脂肪過慢和高血脂的情形，但是經過服用脂肪酶，脂肪代謝的狀況立即變得良好。

在血液裡的脂肪由於會使血液循環速率變差，因此使得免疫系統的白血球作用受到損害，這可能就是肥胖患者比較容易受感染的原因。血液中的高脂肪含量還會阻礙胰島素發揮作用，胰島素是調節組織吸收糖分的荷爾蒙，由於血液中脂肪的阻礙，造成血糖上升，結果可能導致糖尿病。

過量飲食與體重增加

美國杜蘭大學（Tulane University）的勃爾赤醫師（Dr. G. E. Burch）發表了一些與肥胖有關的有趣實驗結果。他發現年輕的動物如果餵食過量，會產生比較多的脂肪細胞，例如餵食動物嬰兒過量食物之後，會產生比正常多兩倍數量的脂肪細胞。一般人體重增加時，會變得比較豐滿，但是如果從小就過度飲食，脂肪細胞過大，會造成肥胖。一般人與這些人吃同樣的東西，但是肥胖患者因為有三倍脂肪細胞，因此增加的體重更多。有一個解決的好辦法，就是給這些肥胖者吃生食，並額外補充酵素，我自己就是這樣減了30公斤，而且我把飲食習慣也改變了，變成以生食為主，就這樣12年來我沒有復胖過。

如果你想要維持體重或著減重，不妨試著減餐。多餐和吃零食會減少體內的酵素，造成體重增加。一個實驗以兩群大鼠為對比，一群每兩個小時餵食一次，另一群一天餵食一次，結果一天餵食一次的群組存活時間多了17％，體重較輕，胰臟和脂肪細胞的酵素活性也比較高。（這個實驗同時發現大鼠的年齡越高，組織酵素的活性就越低。）

生肉飲食？

為什麼在「高度文明國家」發生心血管疾病的比例較高，而「未開化地區」卻較低？原始愛斯基摩人每天會消耗4.5公斤的生魚肉和鯨脂，卻沒有心血管疾病，重點就在於生食。生肉裡的酵素，特別是脂肪酶，都比較活躍。以生食為主的野生動物，體內的血液比較不含脂肪，因為在消化道和肝臟就會將脂肪分解掉。梅納德・穆雷醫師（Dr. Maynard Murray），同時也是一位生物化學專家，他在解剖三千多條鯨魚之後，發現雖然每一頭鯨魚都有7到15公分厚的脂肪層，但沒有一頭鯨魚有心血管疾病。想當然爾，這些鯨魚吃的都是生食。

一九二六年，威廉・羅普醫師（Dr. William T. Lopp）研究原始愛斯基摩人發現，他們沒有腎臟病和心血管疾病。愛斯基摩成人（40到60歲）的平均血壓為129/76，而居住在比較繁華的加拿大東北部的哈得遜灣商業地區的愛斯基摩成人，比較多吃熟食和白麵粉製品。他們拋棄了老祖宗的飲食，結果也丟掉了健康，這些人罹患動脈硬化和高血壓的情況越來越多。以原始愛斯基摩人和文明愛斯基摩人來比較，兩大族群最明顯的差異就在飲食。

食物吸收、抗原與過敏

雖然我們並不樂意，但是透過小腸壁，我們會吸收各種不想要的物質。在美國伊利諾州大學，實驗餵食狗隻服用酵母錠，發現狗的肝臟、淋巴腺、肺臟、脾臟與腎臟都會因此出現酵母，證明人體會吸收完整的酵母菌。我們已知未消化的蛋白質、酵母、二氧化碳與脂肪等，這些物質都會進入血液中，造成過敏與皮膚病等疾病。

消化不完全的食物，會造成人體的不良反應。例如，奧利多茲醫師（Dr. Oelgoetz）發現，未消化的蛋白質、脂肪與澱粉分子會進入血液中，如果此時血液中酵素量變低，這些沒有完全消化的分子就可能造成過敏。於是他給病人口服澱粉酶、蛋白酶與脂肪酶，結果病人的血液酵素量恢復正常，過敏現象也消失了。

在過敏反應和念珠菌感染中，兩者有許多類似的情況，基本上這兩種疾病都是身體對於微生物與毒素等損害組織和器官的物質產生抵抗，也就是免疫反應。

免疫系統的主要作用在於幾種白血球，包括淋巴球（T細胞和B細胞）、巨噬細胞與嗜中性球等，彼此功能只有些微的不同。例如T細胞（T淋巴球）對於某些抗原很敏感，只要發現有抗原就會立刻產生攻擊反應（抗原是指會引發免疫反應的物質）。B細胞（B淋巴球）會產生抗體，抗體會對特殊的抗原發揮毀滅作用。

白血球細胞會以吞噬、分解與毀滅等方式來消滅外來物質，這樣一來身體就可以比較容易排出這些物質。大多時候，白血球會分泌酵素來分解抗原，如前面27頁提過。威斯特醫師早在一九三三年就證實白血球細胞含有8種不同的澱粉酶、蛋白酶和脂肪酶，並認為：「白血球會在身體裡面運送酵素」。

通常抗原、細菌、酵母菌與毒素等，是經由食物透過人體的腸胃道吸收，如果人體不健康，免疫系統功能不彰，這些有害物質就會開始增殖、變多。當我們呼吸的時候，可能會有過敏原（引發過敏反應的物質）進入身體。抗原、細菌、病毒與酵母菌多為蛋白質構造，而細菌所分泌的毒素也含有蛋白質，這些都會引發我們的過敏反應。

所以，讀到這裡，相信你已經發現我們的身體需要充足的蛋白酶，才能抵抗和消滅這些有害的蛋白質，酵素的蛋白質消化不僅會發生在腸胃道，也會在血液中，因此如果食物中的蛋白質消化不完全，這些蛋白質往往會造成問題。

在血液中，過敏原會與這些未消化的蛋白質結合，形成過敏原複合物，進入微血管壁以後，會產生引起發炎的物質，造成喉嚨腫、打噴嚏、乾草熱（花粉症）、蕁麻疹和氣喘等病症。身體為了想要排除過敏原，就要用蛋白酶來破壞這些蛋白質分子，然後從淋巴系統排出去。這就是為何我們要維護淋巴系統的健康。

念珠菌感染的對治方式

念珠菌（*Candida albicans*）在自然狀態下居住在動物和人體的腸胃道等部分，但是如果身體的免疫系統出問題，念珠菌就會伺機佔領各器官組織，例如罹患 AIDS 患者的念珠菌病變。念珠菌（及其他酵母菌、黴菌等）在人體中會改變型態，侵入循環系統，或長出根狀構造侵入腸壁，造成穿孔，使其他微生物或抗原（如未消化的蛋白質）可以藉道進入腸胃道。

這些抗原及其他外來物主要會造成過敏、焦慮、疲勞、消化障礙、陰道炎、膀胱炎、月經異常與偏頭痛等。因此，在醫學上處理念珠菌感染和過敏的方式很相似，由於酵母菌和蛋白質都可以被蛋白酶破壞，因此我們最好能提供足夠的蛋白酶。透過補充酵素，可以移除酵母菌和其他含有蛋白質的抗原。這些酵素補充品可以促進白血球的功能，等於直接提升免疫系統功能。

前面提過，有些過敏原雖然不是蛋白質，但會與蛋白質分子形成複合物，酵母菌和其他過敏原與未消化的蛋白質連接以後，往往會透過消化道進入循環系統。想要避免這種狀況，一種方法就是在飲食中添加植物萃取的蛋白酶，來幫助消化。另一種有效治療念珠菌感染與過敏等系統症狀的方法，就是在飲食之間攝取植物酵素，以增加人體的酵素活性，這種方法可以同時提高消化道和血液中酵素的活性。

在這類問題中，解決的方法同樣都是吃大量生食，攝取酵素補充品，服用紫錐花萃取物。此外你也可以服用嗜酸乳桿菌（Lactobacillus Acidophilus）來幫助腸胃道益生菌生長，有益於免疫系統。

一些毒素、病毒、細菌、寄生蟲、黴菌與其他抗原等，都會引起人體發炎反應。當免疫複合物（抗原和抗體結合所形成的物質）在血液中變得越來越多，就會在組織裡堆積起來，引起發炎，造成過敏甚至組織損傷。有時這個狀況會影響腸道，造成克隆氏症（Crohn's disease, CD）及潰瘍性結腸炎（ulcerative colitis, UC）等病症。使用蛋白酶可以移除免疫複合物，這種酵素對於過敏的發炎反應非常有效。

賀威爾醫師曾經這樣解說造成食物過敏的原因：當蛋白酶、澱粉酶與脂肪酶在人體血液中的含量低於一個定值，會造成未消化的蛋白質堆積在血液中。在飲食之間補充完整的酵素複方，可以恢復血液中酵素的正常值。這樣一來，就可以排除血液中未消化的物質，降低食物過敏反應。每一種食物都可能引起過敏反應，常見的有牛奶、雞蛋、貝殼類、小麥、黃豆、花生與一些魚類等，我還有看過有人對咖啡過敏。我們需要免疫系統的保護，免疫系統會產生免疫球蛋白 IgE 等抗體，這種抗體俗稱「過敏抗體」，會對抗原產生反應，造成身體產生一連串的過敏反應。長期的過敏和發炎症狀，久而久之就會造成各種疾病。

其他外來物

對於寄生蟲引起發炎和過敏的症狀，一般都太誇張，其實沒有那麼嚴重。據說人類族群中有50到70％的人有寄生蟲。寄生蟲會寄生在人體的血液等組織中，依靠人體攝取的食物和化學物質，或是產生的氣體而生活，一旦寄生成功，蟲體就會膨脹長大。寄生蟲在人體中會引起各種過敏反應，寄生蟲的卵到處都可以孵化。一個研究顯示，有一半的蔬菜都含有寄生蟲，所以食用之前一定要把蔬菜好好洗乾淨。

過敏研究學者亞蘭・杭特博士（Dr. Alan Hunter）表示，寄生蟲對熱很敏感，高溫可以殺死寄生蟲。因此體溫較低的人，例如低甲狀腺素病人，他們體內的寄生蟲活力就會比較強。如果你常常過敏，不妨去做一個寄生蟲測試，然後測量你每天體溫的變化，體溫增減一度對於寄生蟲的影響差異很大。

維持健康的建議事項

如今人們過著不自然的生活型態，可以說是在身體裡面製造疾病。為什麼有些人吃蕃茄會過敏，有些人卻不會？這個問題的答案會因每個人的身體而不同，如果每個人的身體都一樣，那麼人人吃蕃茄都應該會過敏才對。如果你的身體先天遺傳就是容易發炎、過敏與生病，不妨試著調整飲食。每一個人都是獨一無二的，你必須找出最適合自己的方式，勇敢踏出第一步，才能獲得健康！

雖然每個人都不一樣，但人人都可以做一些簡單的基礎保養來維持身體的健康。首先請你要排毒。有很多種飲食和藥草可以幫助我們排毒，你可以參考我所著的幾本書《自然藥草療法》、《身體這麼說，這麼治療》（*Natural Healing with Herbs* and *Your Body Speaks Your Body Heals* 暫譯）。我建議每個人隔一段時間都要做排毒，飲食裡面六成用吃或喝新鮮的蔬菜水果或打汁來代替一般飲食。

我強烈建議大家攝取兩類酵素補充品，就是食物酵素和益生菌。如果你的身體常常發炎，請找一位好的健康醫療人員來幫助你。如果發炎總是在某些部位產生，不妨使用一些藥草或飲食，例如紫錐花萃取物是一種很有效的淋巴排毒藥草，由於紫錐花可以促進白血球的產生，因此與酵素一同作用更加有效。紫錐花使用於發炎、淋巴腫大、過敏與感染，然後於兩餐之間再攝取蛋白酶，有助於降低感染和發炎症狀。

請你戒掉喝咖啡、菸草與酸性飲食等不好的習慣。還有一點很重要，就是要提醒自己多多喝水！許多人都缺水而不自知，所以身體才會經常發炎。

※一般抗發炎配方的推薦組合

・飲食時搭配服用酵素
・兩餐之間攝取酵素
・服用市售Vineyard Blend®的Juice Plus+®
・多喝水

- 多吃蔬菜，少吃水果
- 服用維生素C膜衣錠
- 服用硫辛酸
- 服用甲基硫醯基甲烷（Methylsulfonylmethane, MSM）
- 測量並記錄你的唾液和尿液pH值

請根據自己的需求增添藥草等補充品，關於劑量可以諮詢醫療人員。（可參考《前代謝作用：轉化健康與治療，你的個人指導》一書〔Pro-Metabolics: Your Personal Guide to Transformational Health and Healing〕的方式來測量並記錄你的尿液pH值，還有你的身體對飲食和補充品的反應，以及荷爾蒙平衡狀況等等。）

第七章

我需要酵素嗎？

「我需要多補充酵素嗎？」這個問題其實只有你自己能找到答案，因為每個人的身體狀況都不同，對自己的認識和了解也不同。例如我們知道，老化與體內儲存的酵素量變少有關，因此維持酵素量對你是有益的，可以增進組織器官長壽健康。我們也知道，在急慢性病發過程，身體的酵素消耗量都會比平時要多，因此如果你在生病或是正在恢復健康，都可以多補充酵素。患有各種健康問題的人，諸如壓力過大、血糖過低、肥胖、內分泌不足與神經性厭食症等等，都可以獲得酵素的助益。

酵素可增進其他營養素的吸收

酵素對於維生素的利用有增進作用，維生素也會增進酵素的作用。在臨床研究中，如果補充品中維生素和礦物質有混合酵素，所需的維生素和礦物質就會比較少，可以達到同樣的效果。我自己有一個病人就是這樣的情形，由於嚴重缺乏礦物質，原本他一天應該要攝取70毫克的鋅，但是搭配了適當的酵素以後，變成只需要攝取3毫克的鋅，造成補充品攝取的變化非常顯著。

沒有人不喜歡錢，所以最好能減少額外補充的維生素和礦物質，以免多花錢，但依然能吸收足夠的分量。許多臨床學家都知道，一個簡單而實際的健康療法，才能讓人長期保持下去。

排毒

有很多方法都可以用來幫助身體排毒，如斷食、清腸、蔬果素、微生物飲食（Microbial diet）與葡萄療法等等，都各有人受益。但並不是每一種療法在任何時候、對每一個人都有效。要如何增進這些排毒法的效用呢？酵素不僅可以用來增進我們的健康，在進行排毒的時候也可以提升醫療作用和非醫療作用的功效，成為身心健康的輔助支持系統。

每當我們吃下熟食，都要經過酵素的消化分解，食物中剩餘的殘渣和毒素還要透過免疫系統的清除酶（scavenger enzymes）處理。在這些作用進行時，身體會從各處調動酵素過來，如果要消化比較大量的澱粉（例如麵包）、動物性蛋白質與油炸食物，因為比較難以消化，所以需要更多酵素。這就是為什麼在排毒的時候都採用蔬果素。蔬果素吃的大多是生食，裡面還有大量酵素，因此有助於身體儲存酵素，而且即使吃的是煮熟的蔬果，會消耗體內酵素，但還是比一般熟食要來得容易消化。

雖然食用蔬果汁和預消化食物等排毒飲食，也需要能量來分解食物，萃取營養素，排除廢物，但與傳統幾乎不含酵素的日常飲食比較起來，所需要的能量還是大為減少。我看過有人用預消化食物的飲食方式，吃生芽菜，喝新鮮蔬果汁，還用堅果種子泡水4到8小時以後攪碎生吃，結果大大改善了健康。

前面提過，在預消化食物裡面有兩個最大的不同，一個是食物分子已經被分解成較小的分子，例如蛋白質變成胺基酸，澱粉變成單醣，脂肪變成脂肪酸，食物裡的酵素也增加，有時甚至是原來的十倍。由於預消化食物可以補充酵素，可以去除身體需要分解食物的負擔，因此可以幫助身體儲存酵素，減少能量消耗，讓身體有能力進行其他的代謝作用，例如排毒作用等。

進行排毒是希望能夠使血液淨化，平衡內分泌腺，不要讓內分泌腺過度運作而衰竭。組織和器官淨化之後，就可以解除身體的壓力，在血液和組織中，酵素扮演清道夫的角色，分解膽固醇和儲存脂肪，協助整體的排毒作用。

健康危機與酵素：清腸與恢復健康

我在前面提過，酵素是免疫系統中的一環，將人體內累積的各種毒素分解掉。如果血液裡面缺乏脂肪酶，就會累積膽固醇，這時，進行任何可以增加酵素的飲食方式，就可以幫助身體淨化，這是因為食物中的酵素可以被身體吸收再利用。

有許多作家都寫過關於「健康危機」（healing crisis）的文章（《身體這麼說，這麼治療》一書即通盤討論健康危機）。若身體充滿毒素，會透過皮膚、大腸、靜脈竇、腎臟與肺臟等器官來排除，於是出現各種症狀如出疹子、咳嗽、便秘、腹瀉與泌尿道問題，這種情形發生時，就表示出現了健康危機。這些症狀是因為身體想要排出累積多年的毒素，其中還包括長期吃藥所造成的後果。

在健康危機發生時，由於身體要排出廢物，酵素的需求量會大增，因此顯而易見地，如果在此時補充酵素，將有助於排毒的進行。這個情形已得到實驗證明。（關於這個主題可進一步閱讀賀威爾醫師所著之《健康、長壽的食物酵素》與《酵素營養：食物酵素的觀念》。）

排毒作用有時會使人覺得比較虛弱，甚至特別加強排毒飲食也一樣。因此，如果有人患有長期的慢性疾病，或是身體一向虛弱，或是心智容易動搖，一旦出現健康危機的情形，就會立刻恢復到過去習慣的飲食方式，因為他們會覺得排毒飲食反而讓自己變得更虛弱，可見一點用也沒有，但他們不知道排毒只會持續一段短暫的時間。當毒素從組織排出，往血液移動時，內分泌腺會分泌荷爾蒙，造成內分泌腺受到刺激，由於內分泌腺因此過度運作，人就會覺得疲勞，需要較多的休息時間。如果是這種情形，表示這些人真的很需要酵素。

如果是屬於這種情形的人，服用酵素補充品或是預消化食物，可以大量減低身體負擔。排毒之後還要養成健康的飲食習慣，學習斷食，以及適當利用清腸和灌腸來協助療癒過程。結腸灌腸法是一些自然療法專業人員首先會考慮採用的方法。

結腸是身體的「下水道」系統，因此也需要好好清潔。根據統計，疾病有80％是從大腸開始的，這是因為未消化的食物通過大腸的時候，產生的副產物會經過腸壁被吸收到血液裡，最後堆積在關節等身體組織中。如賽爾博士的研究顯示，酵素對這樣的情形有所幫助，因此在飲食中加入酵素可以減少糞便量，加速糞便排放的時間，有助於減少氮化合物（高蛋白質食物）達三至六成。

幼兒與酵素

許多疾病在早期的形成過程，是因為食物裡面缺乏每天所需的維生素、礦物質和酵素。由於食品加工過程、土壤養分不足、烹調處理的方式，造成食品營養不足。我經常提到，通常年紀大的人會需要面對酵素缺乏的情形，但年輕人也需要酵素。

餵嬰兒全母奶，是一件很重要的事。因為母親的奶含有所有嬰兒成長所需的營養，尤其是含有大量的活酵素，更是嬰兒茁壯所不可或缺的。嬰兒奶粉配方缺乏酵素，如果是加工配方奶粉更可能含有毒素，會引起感染、多痰、發燒、腹瀉、腸絞痛和過敏。

在芝加哥的新生兒社福中心，曾長期密切監測二〇〇六一位新生兒從出生到九個月的健康和發展記錄，在所有的嬰兒中，有48.5％全部餵食

母奶、配方奶與嬰兒死亡率

	嬰兒數	死亡人數	死亡率
全母奶	9,749	15	0.15
部分母奶	8,605	59	0.7
配方奶	1,707	144	8.4

母奶，43%除了母奶也餵配方奶，8.5%只餵配方奶，統計這三群嬰兒的死亡率如表2。

由上表可知，只餵食配方奶的死亡率，是全母奶嬰兒的五十六倍，而在九七四九位餵食母奶的嬰兒中，只有四人因呼吸性疾病而死亡，而在一七〇七位配方奶的嬰兒，竟有八十二人死於呼吸性疾病。

在美國，每五秒鐘就誕生一位殘障兒，這代表每十個家庭就有一個家庭有畸型兒，換算每年誕生二十五萬個畸型兒，其中有百分之75帶有精神性缺陷。

嬰兒的健康主要與兩大因素息息相關，首先是母親的健康，正如貝勒醫師在他的著作《食物是最好的醫藥》（*Food Is Your Best Medicine*）中所說：「除非母親懷孕時，已排清體內的毒素，否則孩子降臨人世時，母親血液中盡是毒素，腸子裡也全是有毒的黑便，嬰兒吸收了這些有毒物質，就算再好的照顧，最少也要三年才能將胎毒排乾淨」。

嬰兒健康的第二個因素是，新生兒的體質如果很差，血液裡充滿毒素，又被餵養濃縮、缺乏酵素的食品、高澱粉和發痰的食物（包括乳製品、穀類、糖與麵包等）則會引發呼吸道症候群、氣喘、肺炎、發疹和流鼻涕；而吃太多脂肪類的食品，則會造成高膽固醇、痤瘡與癤子（皮膚腫瘡）等問題。

直到一九八六年，學童才開始接受醫師檢查是否有高膽固醇和三酸甘油脂的情形。學童吃的東西大都缺乏脂肪酶、澱粉酶和蛋白酶三大類有助消化的酵素，因此食物不能順利在消化道中分解，導致人體吸收了大分子的蛋白質和脂肪，結果種下過敏、肥胖、便秘及疲倦的肇因。

目前，學校面臨的兩大問題是孩童的過動症及精神不集中，以致於無法專心上課。如果孩子上課不專心，學習效果就不好；一個人的心智與吃什麼有非常密切的關係。學習困難往往是營養不良所致，這些營養不良的情形，大多又是食物缺乏酵素的緣故，孩子吃太多熟食、垃圾食物與食品工業產品等等，使得孩子身體充滿毒素，神經變得敏感易怒。

經過醫學健康檢查，每一百個孩童就有兩個人患有神經性的失調。至於過動症的孩童，雖然外表看起來沒有疾病，但經常會受到含糖飲料、巧克力裡的咖啡因與砂糖等刺激物的影響。你曾因為喝太多咖啡或吃太多甜食而覺得心悸或發抖嗎？小孩的身體比大人還要敏感，有時即使用多一點點鹽巴，也會引起過動、脫水和過敏。

酵素量充足的孩童，具有高度的精力。成長中的孩子和青少年會流失酵素，原因很多，像在發燒和生病時，免疫系統需要大量的酵素來保護身體，排除毒物及病菌；事實上，如前面所言，不論是正常運動或發燒時，體溫一旦上升，酵素用量就會隨之增加。在運動時，會消耗許多卡路里，這些自然的氧化作用需要酵素才能啟動。

過度飲食，尤其是吃太多失去活性的熟食，會迫使消化器官每天都要分泌大量的酵素；長期下來，會造成器官工作過度，削弱免疫力，使全身組織承受過多壓力。這樣一來，由於能量都用在消化食物，以及處理非天然食物所產生的大量廢物，孩童自然變得比同儕容易疲倦。他們的身體還因此必須被迫儲存大量的脂肪，這樣更加重了心臟、腎臟及肺額外的負擔。

我們都知道，酵素的消耗會經由很多不同的途徑，所以你和孩子最好都等到肚子餓才吃東西，這樣可以節省體內酵素的用量；此外，你和孩子所吃的生食更應該佔食物的大量比例，並且補充酵素以幫助消化。你們可以考慮偶而短暫斷食；在斷食期間，身體可以專注於運用酵素來清理血液中未消化的物質，讓全身排毒。在斷食之後，請進行有益健康的飲食，戒除垃圾食物，多吃新鮮水果和蔬菜。

運動員與健身者的酵素與營養

接下來我們來談談運動員。運動員會額外補充維生素、礦物質，使用濃縮食品，這些營養成份如何讓人體吸收利用？關鍵在於酵素。補充酵素對運動員有益，因為在運動過程中，體溫會升高，酵素的消耗速率會比正常來得高。體溫升高時，碳水化合物燃燒比較快，需要更多營養素來幫助燃燒。如果一位運動員吃的都是熟食和加工食品，就好像是一條蠟燭兩頭燃，很快就燃燒殆盡了。由於熟食和加工食品無法補充足夠的酵素，身體酵素很快就用光了。

運動員最關心該吃些什麼，來保持健康的身體，好在運動和競賽過程補充失去的養分。酵素、碳水化合物、蛋白質、脂肪、維生素以及礦物質，都是人體維持正常運作的能量來源。當你運動時，這些物質會快速消耗，亟需補充。

我問運動員是否覺得飲食足夠提供身體活動所需的能量，他們經常說：「當然！我的飲食富含維生素B、碳水化合物、蛋白質和脂肪。」我發現這些運動員還會監測食物的營養價值，計算個人所需的營養。

可惜，重視量和均衡營養只解決了一半的問題，對於運動員另一個重要的問題是，身體吸收利用所消化食物的情形。因為我們的食物通常缺乏酵素，若沒有酵素，食物消化就不能完全進行，身體也無法適當運用養分，結果可能造成脹氣、疲勞與身體僵硬。動脈硬化與未消化脂肪會使血液變濃，降低對於氧氣和膽固醇的適當利用。缺乏酵素可能造成的問題太多，因為即使營養攝取充分，酵素可能成為遺漏的一個環節，因而造成問題。

保持運動習慣的人，表示他們很關心達成理想體型並維持身材，他們希望能達成好體力和高度耐力的目標。然而，如果人體細胞不能獲得適當的營養，如何能達成這樣的目標？或許你吃的食物裡富含營養，卻缺少了人體運作所需的酵素。例如，大部分的維生素被稱為輔助酵素（coenzyme又稱「輔酶」），原因在於必須要和酵素結合，人體才可以加以利用。

營養過剩和缺乏營養，都會造成精力不足。在運動後體力久久才會恢復，人們通常以為這是因為運動過度或缺乏運動所致，其實不然，真正的問題在於，你的身體引擎裡塞滿了沒有用的燃料。

從足量生食和補充酵素獲得的酵素越多，你的精力就會越充沛。人體有一半的能量是用來消化食物，如果每天飲食中能夠加入越多體外攝取的酵素（透過飲食或補充品所獲得的酵素），就可以吸收越多的養分，所需的食物也越少，這樣一來自然降低了消化的壓力，也減少了廢物排泄量。這種能量保存法則，可使運動員的體力更好，耐力更持久，恢復體力的時間也大幅降低。

考慮到健身或運動，必須健康才能取得好結果，所以要補充酵素，而不是削減體內的酵素庫存。享受運動的感覺確實很棒，但如果代謝酵素的含量不足，就會造成身體系統無法滿足補充的需求，運動就無法持續下去。

無論你是個運動員還是健身者，這個問題都非常重要，如果你不特別關注這些營養問題，運動和健身往往會適得其反，不但不能達成你所想要的年輕活力，反而造成快速老化，得不償失。運動健身是一種破壞與建造的作用過程，因為肌纖維的微斷裂可以透過身體的血液循環和營養補充來修補，將受損組織以富有彈性的新組織來取代。

免疫系統在運動期間對於身體的作用，就像在感染疾病的發炎作用一樣，非常需要依賴酵素來防止身體受到損害。細胞和細胞之間的溝通，與一種類似荷爾蒙的物質——細胞激素有關，細胞激素會在免疫系統內發揮作用。若有一些特殊的細胞激素含量變化，代表免疫系統出現不平衡的狀況。

以細胞激素 Th1 和 Th2 來說，如果兩者維持平衡，表示身體健康。細胞激素 Th1 會對運動、細菌、病毒和黴菌等產生發炎反應，是一種健康機制，但如果失控就可能造成免疫系統產生組織的永久損害。在急性發炎反應時，細胞激素 Th 2 與 Th1 的作用剛好相反，是抑制發炎反應的物質。除此之外，在氣喘、濕疹、過敏性失調及其他發炎反應中，都會產生比較多的 Th2。

在一些蛋白酶的參與作用下，可以移除細胞激素 Th1，降低發炎反應，這些酵素會與醣蛋白化合物分子結合，這種酵素複合物會與 Th1 及其他細胞激素結合，因此加速排除細胞激素。除此之外，酵素複合物還會與受到氧化破壞的蛋白質結合。在運動的時候，肌肉纖維裡的蛋白質破壞之後，會釋放出自由基，於是產生氧化危險。為修補這個損害，我通常會建議在兩餐之間服用水解蛋白酵素，多吃蔬菜水果，並服用較多的抗氧化物產品。（尤其是 Vineyard Blend® 出品的 Juice Plus+® 特別具有這個功效，請見《身體這麼說，這麼治療》一書。）

再回來討論細胞激素。等到細胞激素重新恢復平衡，會進行再生作用。在這樣的過程中，不能忽視酵素的重要性。口服的外來水解蛋白酵素，例如胰蛋白酵素、凝乳蛋白酵素、鳳梨蛋白酵素、木瓜酵素等，可以幫助我們保持年輕。（在美國密蘇里州Forsyth的國家酵素公司所生產的酵素產品很優良，請見www.nationalenzyme.com）

服用酵素補充品，對關節的健康具有顯著功效。研究告訴我們，酵素和一些非膽固醇類的抗發炎藥物（NSAIDS）功效相同，對於運動造成的傷害、大腿和膝蓋關節受損、膝關節軟骨受損等，都有治療和預防的功效。你知道為何現在有這麼多大腿和膝蓋關節置換手術嗎？在我們做運動、做訓練的時候，會慢慢磨損關節，消耗礦物質，產生氧化傷害（自由基），換句話說，就是我們老化了！

本章末我要再次提出我的一般抗發炎配方推薦組合。

※一般抗發炎配方的推薦組合

- 飲食時搭配服用酵素
- 兩餐之間攝取蛋白酶
- 服用市售Vineyard Blend®的Juice Plus+®
- 多喝水
- 多吃蔬菜，少吃水果
- 服用維生素C膜衣錠
- 服用硫辛酸
- 服用甲基硫醯基甲烷（Methylsulfonylmethane, MSM）
- 測量並記錄你的唾液和尿液pH值

請根據自己的需求增添藥草等補充品，關於劑量可以諮詢醫療人員。

（可參考《前代謝作用：轉化健康與治療，你的個人指導》一書〔Pro-Metabolics: Your Personal Guide to Transformational Health and Healing〕的方式來測量並記錄你的尿液pH值，還有你的身體對飲食和補充品的反應，以及荷爾蒙平衡狀況等等）

第八章

蔬果汁與替代補充品

生食讓你可以重新找回食物的真實滋味、口感，獲得完整食物纖維，吃生食讓你可以保持體內系統酵素的平衡。當你改變飲食，以蔬果汁來提高飲食中生食的比例，你可獲得維生素及礦物質的「生物可獲得性」精華。

生鮮蔬果汁

自一九四零年代起，一直到五零、六零年代，有「蔬果汁導師」稱號的自然醫學醫師沃克（Dr. Norman Walker），曾用蔬果汁幫助成千上萬人重新拾回健康。當時另一位葛森醫師（Dr. Max Gerson）在治療慢性疾病時也強調使用蔬果汁。他相信提供病人生鮮蔬果汁，是使一個生病的人恢復健康活力最快速的方法，不僅是病人，連葛森醫師自己都一樣，每兩個小時喝一次用胡蘿蔔和蘋果現打的蔬果汁。

到了九零年代，「蔬果汁之王」（the juiceman）寇爾契（Jay Kordich）由於改變飲食而救了自己一命，他把飲食一部分用蔬果汁來取代。由於他的親身示範和著作的推廣，許多人也開始一天喝一到三公升的蔬果汁。

蔬果汁對於腸胃道的消化負擔很輕，因為蔬果汁消化速度很快，可以在幾分鐘之內快速將營養送到血液裡。相較之下，一般膳食需要好幾個小時才能消化，所獲得的營養又不多。再者，由於我們的飲食大多經過烹煮，已經破壞了40至60％的胺基酸，以及大部分的礦物質。如果加熱溫度超過攝氏50度，裡面的酵素幾乎會破壞殆盡。多年來，人們餵自己吃的都是這些過度烹調、缺乏營養的食物，又大多生產於貧乏的土地，但由於蔬果汁用的是新鮮、未經烹調的生鮮蔬果，因此避免了這些營養缺乏的情形。

由於具有如此優異的性質，病人飲用蔬果汁更有顯著的變化。由於蔬果汁可以立即提供容易消化的液體營養及酵素，能立即提升免疫力，對身體健康大有助益。又由於蔬果汁安全、有效，因此，不論養生或治病，都能幫助身體排毒、重建及平衡。

在正餐之間飲用蔬果汁，最能有效克制想吃東西的衝動，避免攝取不健康和不需要的食物。每天吃幾頓大餐，這種飲食方式會使人變得遲鈍、疲倦。吃大餐需要消耗許多能量，相對的，消化新鮮的蔬果汁則可節省許多能量，相比之下，蔬果汁讓我們更能產生創意思考，增強抗病的能力。蔬果汁的營養效果，是我們所不曾體驗過的，因此只要嘗試過的人，都會開始使用這種獲得營養的嶄新方式。

蔬果汁本身不算是藥，卻可以為其他治療建立基礎。或許有人不能攝取高劑量的補充品或藥物，有人則無法忍受飲食習慣驟變，但相信人人都可以立刻開始喝蔬果汁。

蔬果汁推薦

水果汁是「人體的清道夫」，而蔬菜汁則是「人體的調節者及建造者」。基本上，我建議早上喝水果汁，下午和傍晚飲用蔬菜汁。此外，我還建議用蔬果汁來調節體內某些系統失衡的情形。我將西方「飲食、消化及消化腺的營養分類」三者結合的營養療法，配合強調能量的東方或中國式療法，進而發展出我個人一套先進的飲食法，這套飲食法可以確實判別食物及蔬果汁對應的身體部分及健康狀況。（完整細節請參考《身體這麼說，這麼治療》一書）

蔬果汁的替代品

一開始人們喝蔬果汁的時候總是懷抱熱情，但很快地就變得對每天的例行公事感到厭煩。有些人懶得費心費力準備榨汁用的新鮮水果和蔬菜，有些人則是工作忙沒時間製作蔬果汁，有些人更因為經常出差，很容易忘記喝蔬果汁。有些人想要實行蔬果汁療程，卻因為榨汁機太貴，或大量的新鮮蔬果太花錢而放棄。想要透過飲食來獲得健康，準備工作卻不見得是每個人都願意去做的。

不過，我有好消息要給具有健康意識的人，如果想在工作及出差時，仍能喝到蔬果汁，或者只要健康不要麻煩，這些產品已經在市面上可以找到。一直以來我都希望，能把沖泡式蔬果汁添加纖維，並額外添加酵素，就會是很棒的現榨蔬果汁替代品。還有，將好幾種蔬果精華濃縮成粉末，或製成膠囊，讓你一次就可以補充四到六種蔬果的營養，對於想要維護身體某些部分或器官、具有特殊需求的人來說，這種產品尤其適合。

對於加強孩童膳食，特別是不喜歡吃新鮮蔬菜水果的小孩，家長的期盼得到解答，市面上也有各種沖泡式蔬果汁。試想，一杯沖泡簡單的美味飲料，竟含有高麗菜、荷蘭芹、大白菜、青花菜與蘋果！雖然我大力鼓勵父母以身作則，先從自己改變，多吃新鮮蔬果，建立好榜樣，讓小孩仿傚，但我知道並不是每個人都可以做到，有些人甚至根本做不到，所以良好的蔬果汁粉組合，就是另一個好選擇。

不過在購買之前請先注意，市售蔬果汁粉的品質良秀不齊，有些公司販售的產品，是經過高溫加熱、養分盡失的濃縮蔬果汁，有的則是用冷凍乾燥的方式製成，這些產品的營養，我認為都已經極度流失。我所推薦的是製造方式保留原始營養，並另外添加纖維和酵素的產品。

Juice Plus+® 產品的誕生

在我介紹Juice Plus+®產品的研究資料之前，我想先向讀者們介紹開發這項全食物產品背後的故事。當一個巨大的創傷或意外發生時，我們大多不明白前因後果，直到事件過去之後，我們才會漸漸了解自己的生命已經朝著更美好的方向前進。生命本身就是一堂課，我們要做的就是了解生命要帶我們前進的方向，甚至一個慢性病也是要指點我們某個生命的方向。這是我從我自己父親生病所得到的領悟。

當時是一九八〇年，我剛好到美國科羅拉多州的丹佛做關於藥草的學術演講。中場休息時，我接到父親來電，他告訴我他的脾臟變得跟足球一樣大，因為太大了，他要用以前海軍陸戰隊的皮帶才能把肚子撐住，不然他就會動彈不得，非常痛苦。我母親幫他在附近醫院掛號看醫生，但是醫生都沒看過脾臟腫得這麼大的病例，看來還沒有停止變大的跡象。

當天晚上，我父親又打電話來，告訴我醫生診斷他得了淋巴瘤，是一種淋巴系統的癌症。我難過得說不出話來，只是對著聽筒默默祈禱，父親另外說了些什麼我都聽不清楚了。我的喉嚨縮起來，快要無法呼吸。父親感覺到我的驚訝和沮喪，他安慰我一切都會沒事的。身為自然醫學醫師，多年來教導大眾生活要遵守自然規律，我問自己，為什麼會發生這樣的事情？（當類似的事情發生的時候，人人都會自問，為何我們會遭遇如此傷痛？）

我告訴父親，等演講完畢，四天後我就立刻回家。等我到家的時候，醫生已經幫父親做完脾臟割除手術，開始進行化療。我大為震驚，覺得很憤怒，醫生就這樣決定幫父親進行手術，開始把一大堆藥物塞進父親的身體裡。

後來經過幾個星期，我父親的體重快速減少了20公斤，但病情一點也沒有起色；化療失敗，藥石罔效，醫生束手無策，只能把我們家人召集起來，宣布父親只有三週的生命。我們告訴父親之後，我問父親要不要到我在亞利桑那州土桑市的診所來，試試我的自然療法，讓我照顧他。「在治療之前我就想到你那邊去，但是萬一我有什麼三長兩短，我不想讓你承受這個壓力。」一聽到父親這麼說，我馬上把他背到背上，立刻帶他出院，連出院手續都來不及辦我們就走了。

父親到土桑市的時候，體重只有62公斤，由於癌細胞在體內四處肆虐，他吃不下也喝不下。如果一個人不吃不喝，要如何獲得營養呢？於是我開使用橄欖油按摩他的身體，讓他的皮膚能吸收一些油脂。由於父親只能喝一點水，我只好從其他地方想辦法讓父親能吸收營養。我設計了一個斜板床，讓父親躺在上面，然後每天用甘藍和荷蘭芹打出新鮮蔬菜汁，加入液體葉綠素，用灌腸器把這些汁液灌到父親的大腸裡，讓父親的身體吸收。

等到父親的身體恢復一些，變得可以用嘴巴喝下蔬菜汁，但是他對水果汁反胃，因為裡面含有糖分。不要給癌細胞餵糖，糖會使癌細胞生長，使身體變成酸性，造成病人身體系統更重的負擔。

我想要找一個方法，能夠讓父親虛弱的身體得到更多的濃縮營養，增加父親的能量，幫助父親恢復。因此我想到，如果我能把榨出來的蔬菜汁乾燥，蔬菜汁粉末的營養會比蔬菜汁更加濃縮。於是我就在診所裡買了幾台乾燥機，花費幾個小時才能把蔬菜汁變成粉末，但是真的有用。我每天都可以把這些蔬果汁粉末用少量水調開，給父親服用。在兩個月之內，父親體重增加了14公斤，大大出乎我意料之外（當時還沒有人清楚植物化學成分的功效）。除了我給父親飲用的蔬果汁粉末水，其他食物如肉類和碳水化合物等，父親都沒有吃其他食物。我覺得奇怪，為什麼雖然父親幾乎什麼也沒吃，體重卻能恢復得如此迅速？

漸漸地，父親的身體恢復了，可以喝水果汁了，不再覺得想嘔吐。所以我早上給他水果汁粉末調水，其他時候還是用蔬果汁粉末水。但是水果汁粉末的量我給得很少，因為如果多給父親，他的尿液pH值就會變酸。另外我還在粉末水裡面添加蛋白酶和一些濃縮藥草，根據父親尿液pH值的變化，改變補充品的成分。我所使用的調整監測方式都寫在我所著的《前代謝作用》一書中。

結果令人驚喜，在我接手父親的治療之後，三個月之內，父親就離開病榻，開始改建我的廚房。他是一個木匠，一生熱愛木工。父親持續實行我的營養補充方式，吃大量蔬菜汁粉和水果汁粉，吃浸水發芽種子和堅果。就這樣，六個月內父親就回去上班，後來繼續擔任木工六年才去世。我私下想，如果當時父親住院期間，醫生沒有切除父親的脾臟，沒有給父親做化療，說不定父親還能活到今天。

父親康復的過程，讓我瞭解到全食物所蘊含的秘密治療關鍵。所以我開始研究所有人們已知的蔬菜和水果，知道有些蔬果含有更多的營養素。令人不解的是，人們平常不太吃的蔬果，反而含有較多營養素，而且常常吃的荷蘭芹、甜菜根、甘藍菜和花椰菜等等，這些蔬菜在烹調之後營養素也都流失了。

經過幾個月的實驗，我用地球上最富含營養素的蔬菜和水果，研發出一種蔬菜汁粉末濃縮組合，和另一種水果汁粉末濃縮組合。我的診所這時候看起來就像一個食品乾燥工廠，每位來看診的病人，無論罹患什麼疾病，我都會給他們各一袋蔬菜汁粉和水果汁粉。結果簡直是奇蹟，病人一個個來回報健康快速恢復的情形，於是我領悟到這是一件非常了不起的事。

當時我在診所裡面製造的蔬菜汁粉和水果汁粉組合，現在成為最優秀的蔬菜水果濃縮產品——Juice Plus+®。我設計和開發了這項產品，並申請到專利，交由田納西州曼斐斯市的 NSA 公司幫我製造、行銷與推廣，在30多個國家使成千上萬的人受益。Juice Plus+®是世界上最具有研究和實驗基礎的營養保健產品。（進一步資訊敬請上網查詢 www.Juice-Plus.com）

在父親過世之前，他總惦記著我的治療工作，他說，「我死了，大家還會相信你嗎？還會買你的書嗎？」我回答，「爸，我們一起成就的事情，這種將蔬菜和水果濃縮的概念，總有一天會傳遍整個世界。」結果正如我所想，父親的重生使得這個最偉大的Juice Plus+®蔬菜和水果濃縮產品問世。

父親教我學會榮譽和自信，男兒守承諾，一字千金。他擔任木匠五十年以來，從未寫過一紙合約；一個微笑，一份榮譽和愛，就是他的承諾。他永遠在我心中，總是和我在一起；父親是我的力量，促使我展開行動。

關於作者

亨伯特・聖提諾（Humbard Santillo, N.D.）自然醫學博士，是自然醫學的先驅，同時也是八本暢銷書作者，包括：前一版《食物酵素的奇蹟》（Food Enzymes: The Missing Link to Radiant Health and Natural Healing with Herbs，中文版由世茂出版，已絕版），《前代謝作用：轉化健康與治療，你的個人指導》，《身體這麼說，這麼治療》，暢銷三百五十萬本。聖提諾博士為自然療法醫學協會（Naturopathic Medical Association）會員，擁有營養學數種專利，經受邀為運動節目及說話節目的發言專家。

聖提諾博士出生、成長於美國紐約州洛克波特市（LockPort），在賓西法尼亞州的艾登伯若州立師範大學（Edinboro State Teacher' s College）取得理科學士學位，即今日的艾登伯若大學（Edinboro University），就學期間獲得足球獎學金。

由於聖提諾博士自大學時期以來一共罹患33種過敏症，以及初期的類風濕性關節炎，經過三年痛苦的一般西醫療程，治療沒有進展，促使他激發出一生追求健康的熱情。在尋求解決方式與替代療法期間，他獲得自然醫學學位、健康治療師執照和草藥師執照，他自己的健康大為改善。後來，他將自己重拾健康的經驗，以及治療三萬名病人的心得，整理出來，提供給大眾參考，引發熱烈迴響。

在一九九五年美國舉辦的世界大師田徑錦標賽（Track and Field World Masters Games）中，聖提諾博士與來自全球74個國家六千四百名運動員競爭，在四項一百公尺接力競賽中獲得金牌。同年在紐約為業餘運動員舉辦的類似奧林匹克競賽——帝國運動競賽（Empire Stat Games）中，獲得100公尺短跑與200公尺短跑金牌，並刷新大會紀錄。接著也是同年贏得加拿大國家田徑賽（Canadian Nationals）獲得100公尺短跑與200公尺短跑金牌。直到近日，聖提諾博士依然持續參加運動競賽，並獲得良好成績，包括二〇〇八年坦帕灣大師賽100公尺短跑冠軍，二〇〇九年紐澤西大師賽（New Jersey Masters）100公尺短跑冠軍。總計聖提諾博士在一九九一到二〇〇九期間，於世界大師田徑錦標賽中一共獲得84面金牌，堪稱將營養與健康完全落實到生活中的自然醫學大師。

Note

國家圖書館出版品預行編目（CIP）資料

食物酵素的奇蹟：酵素與營養的生命力量 / 亨伯特.
聖提諾（Humbart Santillo）作；鹿憶之譯. -- 修訂
一版. -- 新北市：世茂, 2019.05
面； 公分. --（生活健康；B462）
譯自：The power of nutrition with enzymes
ISBN 978-957-8799-79-0（平裝）

1.酵素 2.營養 3.健康法

399.74 108004865

生活健康 B462

食物酵素的奇蹟【全新修訂版】：酵素與營養的生命力量

作　　者／亨伯特．聖提諾 自然醫學博士 Humbart Santillo, ND
主　　編／陳文君
翻　　譯／鹿憶之
封面設計／辰皓國際出版製作有限公司
出 版 者／世茂出版有限公司
地　　址／（231）新北市新店區民生路 19 號 5 樓
電　　話／（02）2218-3277
傳　　真／（02）2218-3239（訂書專線）
（02）2218-7539
劃撥帳號／19911841
戶　　名／世茂出版有限公司　單次郵購總金額未滿 500 元（含），請加 50 元掛號費
世茂網站／www.coolbooks.com.tw
排版製版／辰皓國際出版製作有限公司
印　　刷／祥新印刷股份有限公司
初版一刷／2019 年 5 月

I S B N／978-957-8799-79-0
定　　價／280 元

The Power of Nutrition with Enzymes
THE POWER OF NUTRITION WITH ENZYMES by HUMBART SANTILLO

Printed in Taiwan